形状記憶材料とその応用

工学博士 戸伏 壽昭
工学博士 田中 喜久昭　共著
　　　　 堀川 宏
理学博士 松本 實

コロナ社

はじめに

　近年における科学技術の発達は目覚しく，私たちの生活環境を大きく変えてきている。このような科学技術の発展は，基本的には新しい材料の開発とその応用に依存している。科学技術の発達は，一方ではエネルギー資源と地球環境の問題を引き起こしている。これらの問題を解決するためには，省資源と省エネルギーの推進が重要な課題の一つである。科学技術の発展を支え，省資源と省エネルギーを実現するためには，これらに貢献できる機能材料の開発とその応用が必要である。

　このような状況の中で，機能材料について単一の機能だけでなく検知機能，判断機能，実行機能などを有する材料として，インテリジェント材料が世界的に注目されている。インテリジェント材料の研究を活発化させたおもな材料の一つは，形状記憶合金である。形状記憶合金には，従来の金属にはない大きな形状の回復と復元力の発生などの機能がある。この機能を検知機能や実行機能などに利用することにより，単一の材料で複雑な動作をすることのできる形状記憶素子の作製が可能になった。

　形状記憶合金の機能特性は，おもに熱エネルギーに基づいて現れる。形状記憶特性の現れる材料に関しては，熱エネルギーの変化に基づいて機能特性の現れる形状記憶合金だけでなく，熱，電気，磁気，光，化学エネルギーなどに反応して形状の変化するポリマーやセラミックスなどの材料が見出されている。これらの形状記憶材料では，それぞれの材料においてユニークな機能特性が発現する。

　形状記憶材料では形状回復のほかに，復元力の発生，エネルギーの貯蔵と散逸などの特性が現れる。これらの機能特性を有効に利用するためには，各機能特性の評価が重要である。また，このためには高機能材料の開発，機能特性の

向上，およびその機能特性を効果的に利用する応用展開が大切である。形状記憶材料は種々の機能を有するために，その応用範囲は非常に広く，家電，空調，自動車，航空宇宙，電子機器，住宅設備などの工業分野だけでなく，歯科，医療，スポーツ，衣料，装身具などの生活関連，通信などの諸分野にわたって応用されている。

本書においては，種々の形状記憶材料についてそれぞれの機能特性を紹介し，機能特性の発現条件とその評価法，機能特性の有効な利用方法，機能特性の使用限界，形状記憶素子の設計法および機能特性とその応用例を述べる。さらに，形状記憶複合材料および今後の課題について紹介する。このように各種の形状記憶材料について，その機能特性と応用を詳しく説明している点は他書に見られない本書の特色である。

本書は形状記憶材料の研究者をはじめ，形状記憶材料をこれから学ばれる方ならびに広範囲の分野の学生を対象としており，基礎から応用までをわかりやすく説明している。形状記憶材料は新しい材料であり，その機能特性は完全には把握されていない。本書により多くの方々が形状記憶材料について関心をもたれることを希望する。そのことにより，さらに新しい諸機能が開発され，それらの応用により省資源，省エネルギーに有効なインテリジェント機械・構造システムが構築され，社会の発展に貢献できることを期待したい。

終わりに，本書の出版を快諾され，種々のご高配をいただいたコロナ社に深く感謝を申し上げる。

2004年4月

著者一同

目　　次

1.　形状記憶材料

1.1　形状記憶材料と機能特性 …………………………………………… *1*
　1.1.1　弾 性 と 塑 性 ……………………………………………………… *1*
　1.1.2　形 状 記 憶 特 性 …………………………………………………… *2*
　1.1.3　形状記憶材料の機能特性 ………………………………………… *3*
1.2　高機能化と応用 ………………………………………………………… *4*
　1.2.1　高 機 能 化 ………………………………………………………… *4*
　1.2.2　記憶素子の設計 …………………………………………………… *5*
　1.2.3　応　　　　　用 …………………………………………………… *5*

2.　形状記憶合金の機能特性

2.1　形状記憶の機構 ………………………………………………………… *6*
　2.1.1　形状記憶効果および超弾性 ……………………………………… *6*
　2.1.2　マルテンサイト変態 ……………………………………………… *7*
2.2　力学的機能特性 ………………………………………………………… *10*
　2.2.1　形状記憶合金の種類 ……………………………………………… *10*
　2.2.2　製 造 ・ 加 工 法 …………………………………………………… *12*
　2.2.3　新 機 能 特 性 ……………………………………………………… *15*
　2.2.4　耐環境性・腐食特性 ……………………………………………… *18*
　2.2.5　疲 労 ・ 寿 命 ……………………………………………………… *19*
2.3　基本的な変形特性 ……………………………………………………… *19*
　2.3.1　超弾性・エネルギーの貯蔵と散逸 ……………………………… *19*
　2.3.2　回復応力・一定ひずみ下での加熱・冷却 ……………………… *21*
　2.3.3　回 復 ひ ず み ……………………………………………………… *21*

2.3.4　二方向性・バイアス素子 ……………………………………… 22
  2.3.5　加熱速度依存性 ………………………………………………… 23
  2.3.6　形状記憶合金に関するJIS規格 ……………………………… 23

3. 形状記憶合金の繰返し特性と疲労

3.1　繰返し変形特性 …………………………………………………………… 25
  3.1.1　形状記憶効果 ……………………………………………………… 25
  3.1.2　超弾性 ……………………………………………………………… 28
  3.1.3　一定応力下でのひずみの挙動 …………………………………… 30
  3.1.4　回復応力 …………………………………………………………… 33
  3.1.5　変態線の挙動 ……………………………………………………… 35
  3.1.6　サブループ挙動 …………………………………………………… 37
  3.1.7　二方向形状記憶効果 ……………………………………………… 40
  3.1.8　コイルばねの変形特性 …………………………………………… 41
  3.1.9　熱・力学負荷での変形特性 ……………………………………… 43
  3.1.10　種々の条件下での変形特性 …………………………………… 44
3.2　疲労特性 …………………………………………………………………… 46
  3.2.1　疲労寿命 …………………………………………………………… 47
  3.2.2　回転曲げ疲労 ……………………………………………………… 49
  3.2.3　コイルばねの疲労 ………………………………………………… 56
  3.2.4　熱・力学的サイクル疲労 ………………………………………… 57
  3.2.5　疲労き裂の発生と進展 …………………………………………… 59
  3.2.6　疲労特性へ影響する因子 ………………………………………… 62

4. 形状記憶合金の熱・力学とモデリング

4.1　熱・力学的挙動のモデリング …………………………………………… 64
  4.1.1　形状記憶合金のモデリング-1 …………………………………… 65
  4.1.2　形状記憶合金のモデリング-2 …………………………………… 74

4.1.3　形状記憶合金のモデリングに関連したコメント ………… *79*
　　4.1.4　形状記憶合金のモデリング-3 ……………………………… *93*
　4.2　変形/変態の熱・力学 …………………………………………… *98*

5.　形状記憶合金の応用

　5.1　形状記憶効果とその応用 ……………………………………… *112*
　　5.1.1　R相 ↔ オーステナイト相変態 ……………………………… *114*
　　5.1.2　斜方晶マルテンサイト相 ↔ オーステナイト相変態 ……… *118*
　　5.1.3　単斜晶マルテンサイト相 ↔ オーステナイト相変態 ……… *120*
　5.2　超弾性効果とその応用 ………………………………………… *120*
　　5.2.1　オーステナイト相 ↔ 単斜晶マルテンサイト相変態 ……… *121*
　　5.2.2　オーステナイト相 ↔ 斜方晶マルテンサイト相変態 ……… *124*
　5.3　新しいNi-Ti合金の特性 ……………………………………… *125*
　　5.3.1　第3の特性FHP-NT ………………………………………… *125*
　　5.3.2　通電アクチュエータ用ワイヤNT-H7-TTR ……………… *126*

6.　形状記憶ポリマー

　6.1　形状記憶ポリマーの種類と特性 ……………………………… *128*
　6.2　熱活性ポリマー ………………………………………………… *129*
　　6.2.1　形状記憶の機構と特性 …………………………………… *129*
　　6.2.2　力学的機能特性 …………………………………………… *130*
　　6.2.3　繰返し変形特性 …………………………………………… *138*
　　6.2.4　熱・力学特性の表示 ……………………………………… *142*
　　6.2.5　力学的機能以外の特性 …………………………………… *144*
　　6.2.6　応　　　　用 ……………………………………………… *145*
　6.3　電気活性ポリマー ……………………………………………… *150*
　　6.3.1　形状記憶の機構と特性 …………………………………… *150*
　　6.3.2　力学的特性と応用 ………………………………………… *151*

7. 力学的機能セラミックス

7.1 セラミックス …………………………………………………… 154
7.2 力学的機能セラミックス ………………………………………… 156
　7.2.1 物　　　性 ………………………………………………… 156
　7.2.2 力 学 的 特 性 ……………………………………………… 158
　7.2.3 応　　　用 ………………………………………………… 161
7.3 強誘電セラミックス ……………………………………………… 161
　7.3.1 強誘電効果の機構 ………………………………………… 162
　7.3.2 力学的機能特性 …………………………………………… 163
　7.3.3 応　　　用 ………………………………………………… 164
7.4 圧電セラミックス ………………………………………………… 164
　7.4.1 圧電効果の機構 …………………………………………… 164
　7.4.2 力学的機能特性 …………………………………………… 166
　7.4.3 応　　　用 ………………………………………………… 166

8. 超 磁 歪 金 属

8.1 超磁歪の機構 …………………………………………………… 168
8.2 力学的機能特性 ………………………………………………… 169
8.3 応　　　用 ……………………………………………………… 170

9. 形状記憶複合材料

9.1 インテリジェント材料/構造 …………………………………… 171
9.2 形状記憶複合材料 ……………………………………………… 174
　9.2.1 形状記憶複合材料の例 …………………………………… 174
　9.2.2 形状記憶複合材料の挙動解析 …………………………… 176

参 考 文 献 ………………………………………………………… 177
索　　　引 ………………………………………………………… 195

1 形状記憶材料

1.1 形状記憶材料と機能特性

1.1.1 弾性と塑性

物体は外部から作用する力に対応して変形する。鋼，銅，アルミニウムなどの金属を引張った場合の応力-ひずみ曲線を図1.1に示す。図1.1のOA間，すなわち変形の小さい範囲内では応力とひずみは比例する。この関係はフックの法則として知られている。この範囲内では外部からの荷重を取り除くとひずみは消滅する。このように力を除くともとの形状に回復する性質を**弾性**(elasticity)という。金属の弾性ひずみの大きさは約0.1%である。

大きな弾性変形を示す材料にはゴムなどのエラストマーがある。エラストマーの弾性ひずみは600〜800%である。図1.2に示すようにエラストマーの応力-ひずみ関係は比例しない。変化した形状がもとに戻る現象にはほかに熱膨

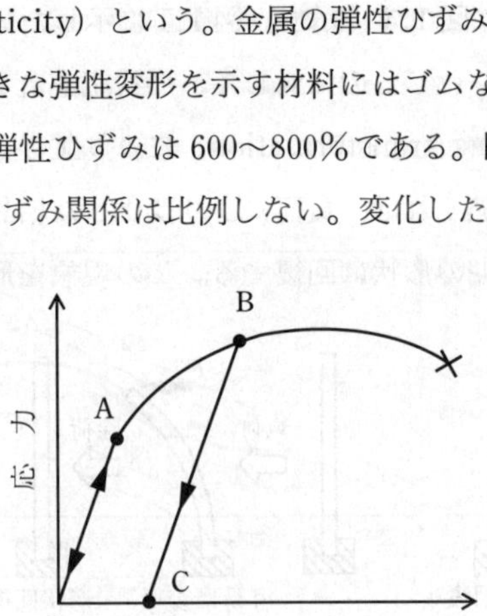

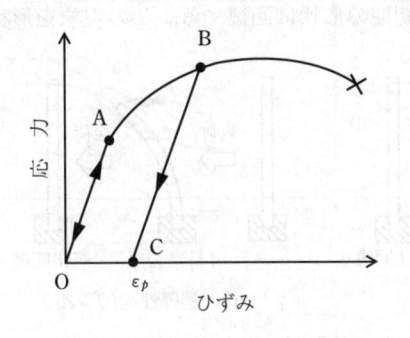

図1.1 金属の応力-ひずみ曲線 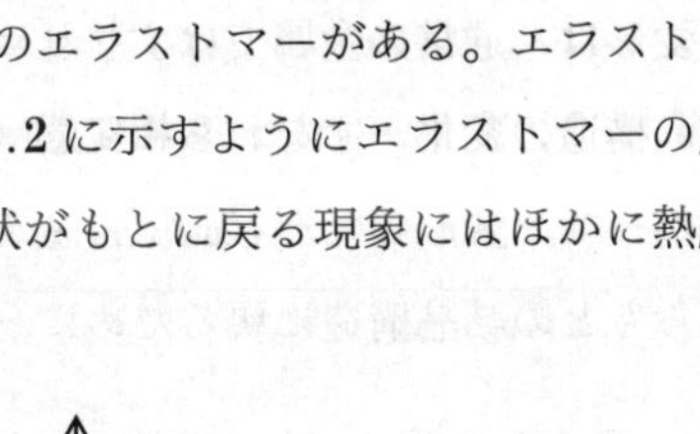　　図1.2 ゴムの応力-ひずみ曲線

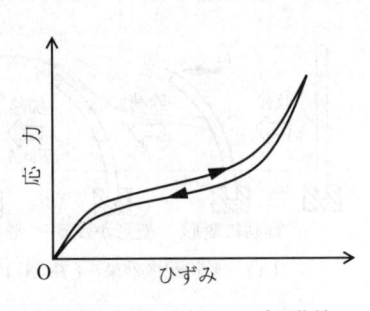

張がある。この場合，温度の上昇や降下に対応して物体は膨張や収縮をする。力や温度が初期状態になると，弾性変形や熱膨張による変形は消滅し，もとの形状を回復する。

図1.1に示すように，金属の場合，応力-ひずみ関係は点Aを超えると比例関係が成立しなくなる。応力-ひずみ曲線は降伏点Aを超えると緩やかな曲線を描く。点Bから除荷すると，OAとほぼ平行な直線BCに沿って直線的にひずみは減少し，除荷終了点Cで残留ひずみε_pが現れる。ABの負荷過程において材料の内部ではすべりが生じており，ε_pは永久変形となりもとの形状に戻らない。このような非回復変形を**塑性変形**（plastic deformation）という。金属における弾性の特性は機械や構造物の要素に利用され，また塑性の特性は材料の加工に利用される。弾性および塑性は実用上重要な材料の特性である。

1.1.2 形状記憶特性

図1.1に示したように通常の金属では非線形ひずみは塑性ひずみとなり回復しない。しかし，**形状記憶合金**（shape memory alloy, **SMA**）では除荷後に同様の非線形ひずみが残留するが，この残留ひずみは加熱により消滅し，もとの形状に戻る[1]〜[6]。この関係を模式的に**図1.3**に示す。図1.1に示したAB間の変形は，通常の金属ではすべりにより生じるのに対して，形状記憶合金では結晶構造の変化，すなわち**相変態**（phase transformation）により生じる。したがって，変形した形状記憶合金を加熱すれば，負荷により変化した結晶構造からもとの結晶構造に戻るために，初期の形状に回復する。この現象を**形状記**

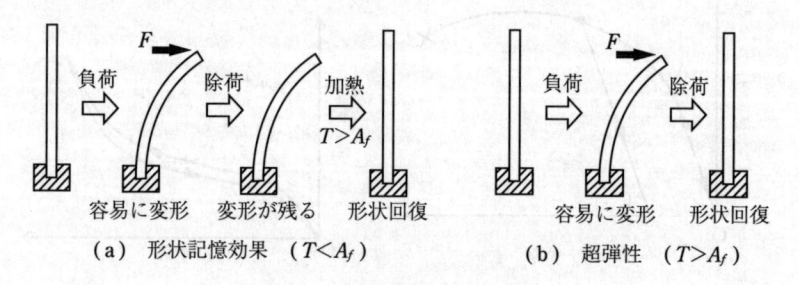

(a) 形状記憶効果 （$T<A_f$）　　(b) 超弾性 （$T>A_f$）

図1.3　形状記憶合金の特性

憶効果 (shape memory effect, **SME**) という。形状記憶合金ではある温度域においては除荷のみで非線形ひずみが回復する。この性質を**超弾性** (superelasticity, **SE**) あるいは**変態擬弾性** (transformation pseudoelasticity あるいは pseudoelasticity, **PE**) という。

形状記憶ポリマー (shape memory polymer, **SMP**) では図 1.4 に示すような現象が現れる。すなわち，高温では軟らかく容易に変形し，低温では硬くなりその形状が固定される。低温で形状が固定された材料を加熱すると初期の形状を回復する。形状記憶ポリマーでは材料を構成する分子鎖の運動が高温では活発であり，低温では凍結される。このような分子の運動性が温度に依存して変化する**ガラス転移** (glass transition) に基づき，**形状固定性** (shape fixity) や**形状回復性** (shape recovery) が現れる[7]~[9]。

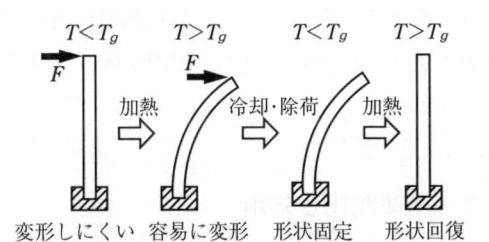

図 1.4 形状記憶ポリマーの特性

形状記憶合金や形状記憶ポリマーのように，負荷などの作用により生じた変形がある条件下では除荷などの作用後に残留し，さらに加熱などのある作用により残留変形が消滅し，もとの形状に戻る物質を**形状記憶材料** (shape memory material, **SMM**) という[10]~[13]。

1.1.3 形状記憶材料の機能特性

工業用に利用されている形状記憶材料の種類とその基本的な特性を**表 1.1** に示す。これらの中で現在までのところでおもに実用されている材料の主要な力学的特性としては，形状の回復する性質だけでなく，ほかにも多くの性質がある。例えば，形状の回復する加熱過程において変形を拘束すると回復応力が発生する。この回復応力は形状記憶合金においては数百 MPa になり，非常に大

表1.1 形状記憶材料とその基本特性

材料	形状記憶合金	形状記憶ポリマー	形状記憶セラミックス	強誘電体	圧電体	超磁歪金属
駆動源	熱, 磁場	熱, 電気, イオン, 光	熱	電場	電場	磁場
回復ひずみ〔%〕	1〜10	100〜1 000	1	〜0.1	0.05	0.2
回復応力〔MPa〕	200〜500	10〜30	40	50	35	20

きな復元力が利用できる。また、超弾性変形においては負荷と除荷で応力-ひずみ曲線は大きなヒステリシスループを描く。したがって、負荷と除荷で仕事の散逸があり、エネルギーの吸収と貯蔵の機能に優れている。

表1.1に示すように、上述のような力学的性質の発生する駆動源には熱、磁場、電気、電場、光、イオンなどがある。したがって、形状記憶材料の機能を理解し、利用するためにはこれらの力学的性質と熱的、電磁気的、光学的、化学的性質を明らかにすることが重要である。

1.2 高機能化と応用

1.2.1 高機能化

形状記憶材料のもつおもな力学的性質には形状の回復、復元力の発生、振動の吸収、エネルギーの貯蔵などがある。これらの力学的機能特性は回復可能なひずみ、回復応力、散逸仕事密度、ひずみエネルギー密度などで評価される。高機能化のためにはこれらの特性量を高める必要がある。さらに応用での適用範囲を拡張するためには、特性の現れる温度領域を高温あるいは低温まで拡張したり、その温度領域の幅を広めたり、狭くしたりする必要がある。また、記憶素子が繰り返し作動する場合には応答速度および繰返し特性の向上が重要になる。

上述の特性に影響するおもな因子には材料の組成、成形法、形態、機能の駆動源、記憶素子の形状、寸法および使用方法などがある。高機能化を図るためには、材料の面からは機能特性に対する組成の影響を明らかにし、加工法を開

発することが重要である。開発が進められている材料の形態には薄膜，細線，ファイバ，多孔質体などがある。機能の駆動源として考慮する項目には，駆動源の多様化，効率の向上および利用方法などがある。

1.2.2 記憶素子の設計

記憶素子を開発し，設計するためにはつぎのような点が必要である。① 形状記憶材料の力学的特性を明らかにする。② 力学的特性を応用するために，その特性の評価法を明らかにする。③ 目的に合わせた力学的特性を利用する記憶素子の設計法を確立する。④ 目的の力学的特性を有効に利用する高機能記憶素子を開発する。⑤ 記憶素子を設計するためには材料を選択し，その特性を応用することが必要である。このために，各機能に合わせた材料の規格を確立する。

1.2.3 応　　　用

形状記憶効果では加熱などの駆動源の作用により形状が回復する。加熱により形状が回復する場合，形状が回復するだけでなく，大きな回復応力が発生する。したがって，形状記憶素子では素子単体で温度などの変化を感知し，形状を変え，復元力を発生することによりほかの物体を動かしたり，締め付けたり，エネルギーを取り出したり吸収したりすることができる。このように外部の状況を感知し，判断して，動作する機能を材料自体で発生することのできる特性を知的または**スマート**（smart）あるいは**インテリジェント**（intelligent）と呼び，近年この知的材料の開発と応用が注目されている[14),15)]。形状記憶材料は知的材料としての機能をもっているので，その応用が期待される。形状記憶材料の機能特性をさらに有効に利用するためには，ほかの材料と組み合わせた複合材料の開発が期待されている。形状記憶材料は現在まで工業，医療，食品，衣料，建設，スポーツなどの広い分野で応用されている。さらにほかの機能材料と組み合わせることによるインテリジェントシステムへの応用が期待される。

2 形状記憶合金の機能特性

2.1 形状記憶の機構

2.1.1 形状記憶効果および超弾性

　われわれ人類は多くの物質に囲まれて生活をしている。多くの物質の中で人類の役にたつ物質を材料と呼んでいる。例えば、岩石は単なるモノとしての物質であるが、ある種の岩石は土木・建築の材料として使われている。このように、物質と材料は分子・原子のレベルからすると同一のものである。物質・材料は多くの原子の集まりである。物質の状態は気体、液体、固体の3種類に分類される。これらの状態は温度や圧力などの影響のもとでの原子の集合状態を表している。気体では原子が自由に動き回っているが、液体では原子の集合はゆるやかである。固体の場合、原子は定まった位置に存在し、その位置で熱振動している。また、このような状態は不変なものでなく、温度や圧力によって変化する。例えば、H_2O は温度や圧力の変化により水蒸気（気体）・水（液体）・氷（固体）と状態を変える。

　固体での原子の配列状態は大きく分けて二つに分類される。一つは原子が規則正しく並んでいる結晶状態であり、他方は原子が規則性をもたずに集合している非晶質状態である。ある結晶状態または非晶質状態にあった物質が温度・圧力・組成・その他の外部要因の変化によりほかの結晶状態または非晶質状態に変わることを相転移または相変態と呼んでいる。ここでは金属学関連分野で使われている相変態という用語を用いる。

固体の相変態では2種類の相変態の方法がある。一つは拡散型変態，他は無拡散型変態である。拡散型では個々の原子が自由に運動して，変態前とは異なった結晶構造になり，無拡散型変態では原子の集団がまとまって移動し，その結果，変態前とは異なった結晶構造となる。

　形状記憶合金には形状記憶効果と超弾性の性質がある。形状記憶効果は，例えばこの合金が平らな板に記憶されている場合，曲げたあとに湯に浸けると，瞬間的にもとの平らな板に戻る現象である。また，超弾性は，例えば平らな形状記憶合金の板に力を加えると大きく変形するが，力を取り去るともとの平らな板になる現象である。このような形状記憶効果や超弾性は熱や応力による結晶変態の変化に起因する。この形状記憶効果や超弾性は一言でいえば，熱や応力の変化に対して，原子の集団である結晶の状態がスムーズに変化することにある。しかし，物質におけるこのようなスムーズな変化は一般的なものでなく，形状記憶合金の特性である。例えば，鉄や銅の板を曲げたあと，湯に浸けても曲がった形のまま変わらない。

2.1.2　マルテンサイト変態

　形状記憶合金における変態は変位型無拡散型変態であり，マルテンサイト変態（M変態）と呼ばれている。マルテンサイト変態は鉄鋼材料において古くから研究されてきた変態である。例えば，炭素鋼を加熱してオーステナイト相（γ相）にしたあと徐冷した場合，室温において亜共析鋼では初析フェライトとパーライト（フェライト＋セメンタイト）の共存した組織になる。しかし，急冷すると硬い組織が生成する。これがマルテンサイトという組織であり，この変態がマルテンサイト変態である。

　このような鉄鋼での組織の研究を初めて学問的に研究したマルテンスの名にちなんでこの組織をマルテンサイトという学術用語が用いられている。マルテンサイト変態はつぎのような経過をたどる。高温相（母相またはオーステナイト相ともいう）の中で温度低下に伴い変位型無拡散型変態が始まり（この温度をマルテンサイト変態開始温度，M_sという），低温相（マルテンサイト相）

が出現する。さらに温度が低下すると変態が進行し，低温相の割合が増大する。すべて低温相になったときの温度はマルテンサイト変態終了温度，M_f という。逆に結晶全体が低温相になっている状態から温度を上昇させると，再び変位型無拡散型変態が始まり（この温度をオーステナイト変態開始温度，A_s という），高温相（母相・オーステナイト相）が出現する。

オーステナイトとは鉄鋼材料における高温相の名称である。さらに温度が上昇すると逆変態が進行し，高温相の割合が増大する。結晶全体がすべて高温相になったときの温度はオーステナイト変態終了温度，A_f という。鉄鋼でのマルテンサイト変態のこのような定義はそのまま形状記憶合金におけるマルテンサイト変態においても使われる。

マルテンサイト変態には熱弾性型マルテンサイト変態と非熱弾性型マルテンサイト変態がある。熱弾性型マルテンサイト変態とは形状記憶効果を示す非鉄合金系に多くみられるもので，変態温度ヒステリシスが小さく，変態に伴う体積変化が小さい。一方，非熱弾性型マルテンサイト変態は鉄系合金に多くみられるもので，変態温度ヒステリシスが大きく，変態に伴う体積変化が大きいことが特徴である。熱弾性型マルテンサイト変態は変態の化学駆動力と負の非化学駆動力とが釣り合い状態にあること，いわば，熱効果と弾性効果とが釣り合いの状態にあることを示す。

図2.1にFe-NiおよびAu-Cdの電気抵抗の温度変化を示す[1]。ここで，加熱・冷却に伴い電気抵抗値にヒステリシスが現れる。Fe-Niは従来から研究されてきた鉄鋼材料としてのマルテンサイト変態を示し，Au-Cdの場合は熱弾性型マルテンサイト変態を示す。Fe-Niの場合のような変態を非熱弾性型マルテンサイト変態と呼ぶ。この図からも明らかなように，A_s-M_sを比較すると熱弾性型マルテンサイト変態を起こすAu-Cdでは16度，Fe-Niの非熱弾性型マルテンサイト変態の場合は420度となり，熱弾性型マルテンサイト変態の温度ヒステリシスは非熱弾性型マルテンサイト変態の温度ヒステリシスに比べて小さい。このように，熱弾性型マルテンサイト変態と非熱弾性型マルテンサイト変態とでは変態温度ヒステリシスに差がみられる。

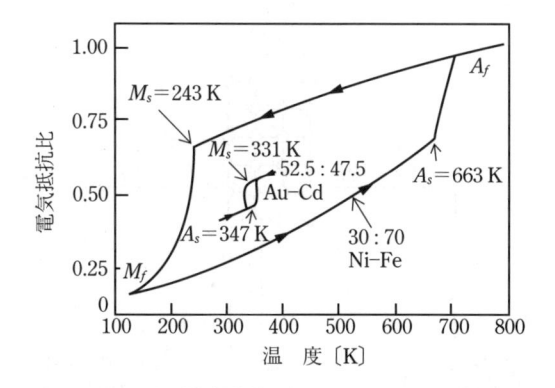

図 2.1 Fe-Ni（非熱弾性型）と Au-Cd（熱弾性型）のマルテンサイト変態に伴う電気抵抗比-温度曲線
〔L. Kaufman and M. Cohen：Progress in Metal Physics, Vol. 7, B. Chalmers and R. King (eds.), p. 165, Pergamon Press (1958)〕

マルテンサイト変態は原子面の集団的移動であるが，変態前と変態後の結晶状態の間には結晶学的関連があり，それぞれの場合について詳しく調べられている。

形状記憶効果が起こる機構はつぎのように考えられている。**図 2.2** にそのモデルを示す[2]。形状記憶合金で形状記憶熱処理をしたあと室温に戻すと，すでにマルテンサイト相になっている。ここでは双晶としてマルテンサイト相が形成されている。このマルテンサイト相は結晶構造は同じであるが結晶方位の異なる兄弟晶（バリアント）より構成されている。この状態で形状記憶合金に曲げなどの変形を与えると，兄弟晶の中で応力に応じて兄弟晶の再配列が起こり，優先する兄弟晶が成長する。このような過程を経て形状記憶合金は単一兄弟晶に近い状態となる。ここで加熱するとマルテンサイト変態の逆変態が起こり，全体の形状は変形前の状態になる。

形状記憶効果が温度変化による結晶変態であるのに対し，超弾性は応力の変化による結晶変態である。すなわち，形状記憶合金に応力をかけることによってマルテンサイト相が誘起され，除荷によってこの応力誘起マルテンサイト相が消失する。これとともに，全体の形状変化が起こる。図の右上方に書かれているように，母相に応力をかけると応力誘起マルテンサイト変態が起こり，低

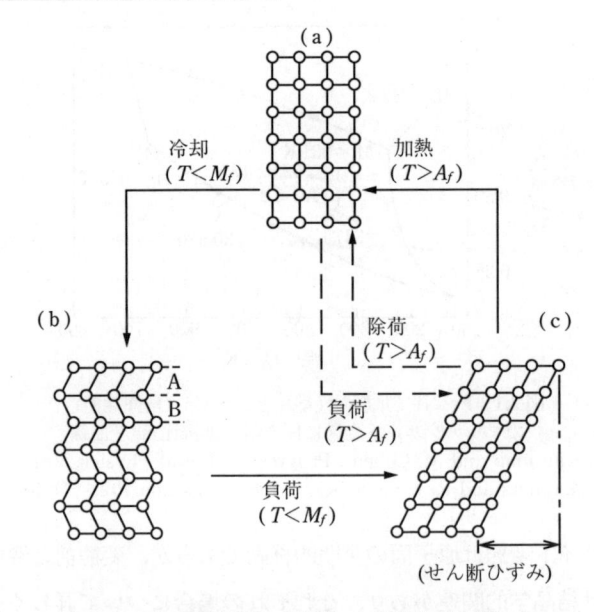

図 2.2 形状記憶効果（実線）と超弾性（破線）に
おける原子の移動と形状変化の模式図
〔田中喜久昭他：形状記憶合金の機械的性質，p.30，養賢堂（1993）〕

温相に相当するマルテンサイト相が出現する。除荷によってこの応力誘起マルテンサイト相は消失し，変形前の母相になるとともに形状記憶合金はもとの形に戻る。

このように，形状記憶合金においては，熱および応力によるマルテンサイト変態およびその逆変態が起こるため，形状記憶効果と超弾性の現象がみられる。

2.2　力学的機能特性

2.2.1　形状記憶合金の種類

（1）**形状記憶合金の発見と開発**　　1950年代イリノイ大学のReadらはAu-Cdにおいて形状記憶効果を初めて発見した。しかし，当時この現象はAu-Cdだけに特有の奇妙な現象として注目されただけであった。その後，1960年

代**アメリカ海軍研究所**（Naval Ordnance Laboratory）においてNi-Ti（ニチノール：NITINOL）の形状記憶効果が発見された。さらに，1970年代には銅系形状記憶合金が開発された。現在まで多くの形状記憶合金が開発されているが，それらは鉄系と非鉄系に分けられる。鉄系形状記憶合金は主として非熱弾性型マルテンサイト変態を起こし，非鉄系形状記憶合金は主として熱弾性型マルテンサイト変態を起こす。

表2.1に鉄系形状記憶合金および非鉄系形状記憶合金の例を示す[16]。形状記憶効果の発見当時は一方向形状記憶効果であったが，その後全方位形状記憶効果などの二方向形状記憶効果や超弾性がみつけられた。このように多くの形状記憶合金の中で，形状回復力が大きく，繰り返し使用が可能で耐食性もよいも

表2.1 形状記憶合金

合金	組成	結晶構造変化	結晶構造の規則性	変態温度ヒステリシス〔K〕
Ni-Ti	49〜51 mol%Ni	B2 → B19′	規則	〜30
		B2 → R → B19′	規則	〜2
Ni-Ti-Cu	8〜20 mol%Cu	B2 → B19 → (B19′)	規則	4〜12
Ni-Ti-Fe	47 mol%Ni, 3 mol%Fe	B2 → R → B19′	規則	〜20
Ni-Ti-Pd	0〜40 mol%Ni	B2 → B19	規則	30〜50
Ni-Al	36〜38 mol%Al	B2 → 3R, 7R	規則	〜10
Ag-Cd	44〜49 mol%Cd	B2 → 2H	規則	〜15
Au-Cd	46.5〜48.0 mol%Cd	B2 → 2H	規則	〜15
	49〜50 mol%Cd	B2 → trigonal	規則	〜2
Ni-Cu-Al	28〜29 mol%Al, 3.0〜4.5 mol%Ni	$D0_3$ → 2H	規則	〜35
Cu-Au-Zu	23〜28 mol%Au, 45〜47 mol%Zn	Heusler → 18R	規則	〜6
Cu-Sn	〜15 mol%Sn	$D0_3$ → 2H, 18R	規則	—
Cu-Zn	38.5〜41.5 mol%Zn	B2 → M (modified) 9R	規則	〜10
In-Tl	18〜23 mol%Tl	FCC → FCT	不規則	〜4
In-Cd	4〜5 mol%Cd	FCC → FCT	不規則	〜3
Fe-Pt	〜25 mol%Pt	$L1_2$ → 底心正方格子	規則	〜17
Fe-Pd	〜30 mol%Pd	FCC → FCT → BCT	不規則	〜4
Fe-Mn-Si	28〜33 mann%Mn, 4〜6 mass%Si	FCC → HCP	不規則	〜70
Ni-Fe-Co-Ti	33 mass%Ni, 10 mass%Co, 4 mass%Ti	FCC → BCT	不規則	〜150

〔松本實：金属便覧 改訂6版，日本金属学会編，p.780，丸善（2000）〕

のとして Ni-Ti が実用材料として使われており，生活関連分野から医療・工業・宇宙産業の分野に至るまで幅広い応用がなされている。パイプ継手など一回かぎりの形状記憶効果を利用する場合は銅系や鉄系形状記憶合金が用いられている。

（2） **高温型形状記憶合金**　Ni-Ti 形状記憶合金は室温付近で形状記憶効果や超弾性を示す。これに添加元素を加えることにより，低温まで変態温度を低下させることは容易であるが，逆に，高温まで変態温度を上昇させることは困難である。Ni-Ti に Au や Hf などを添加し，変態温度を上昇させることが試みられている。代表的な高温型形状記憶合金としての Ti-Pd は 500℃付近に変態温度をもつが，形状回復は Ni-Ti より小さい。応用の観点からも高温で形状記憶効果や超弾性が起こる合金の開発が期待されている。

（3） **強磁性形状記憶合金**　Ni-Ti に代表されるこれまでの形状記憶合金は温度変化で形状記憶効果を示すので，感温型形状記憶合金とも呼ばれている。後述するように磁場で形状記憶効果を示す合金の開発も行われており，磁場応答型形状記憶合金ともいわれている。強磁性をもつ形状記憶合金は磁場で変態を起こし，このため形状記憶効果に対する応答速度が早く，遠隔操作が可能となる。これまで強磁性形状記憶合金としては Fe-Pd, Fe-Pt, Ni-Mn-Ga および Ni-Co 系などが知られている。Ni-Ti は常磁性を示す。

2.2.2　製造・加工法

　形状記憶合金を実験室や生産現場で製造・加工する際，単につくるという作業だけでなく，最適化の処理を行うことは形状記憶の機能を最大限に発揮するために非常に重要なことである。すなわち，製造・加工に加えて熱処理も熱処理温度と時間，さらに熱処理の雰囲気を真空にするか，アルゴンなどの不活性ガスにするか，など大切な事項である。これらの処理の多くは原子レベルのナノスケールでの原子配列制御を経て，マクロなスケールとしては結晶構造や組織を制御することになる。形状記憶合金には多くの種類があり，Ni-Ti 系，銅系，鉄系などそれぞれの合金系に対して製造・加工法が異なる。ここでは一

般的な手順について述べる。はじめに，合金作製には状態図を参考にすることが有効である。現在，多くの二元系状態図や三元系状態図がある。目的とする状態図がない場合は原論文を参照するのがよい。

実験室規模での製造・加工法　形状記憶合金は合金作製の手順に従って原料と溶解法を選び，得られた試料の組成を分析し，組成均一化と形状記憶処理のための熱処理を行う。物性測定，形状記憶効果測定，電子顕微鏡観察などには試料を切断するなどの加工を行う必要がある。この加工は場合に応じて熱処理前または後に行う。形状記憶合金の形状記憶特性，変態温度などはその材料がどのような熱処理や応力の履歴をもっているかによって変化する。形状記憶合金の研究で明らかにすべき事項は，母相およびマルテンサイト相の結晶構造と変態温度である。さらに形状回復力，機械的変形挙動，寿命，疲労，耐食性などの特性が明らかにされることが望ましい。

生産現場での製造・加工法　Ni-Ti 形状記憶合金については詳しい記述がある[19]。

（1）リボン，薄膜の製造・加工法　形状記憶合金はインゴット（塊）を板材や，線材に加工した後，熱処理（形状記憶処理）をして用いるのが一般的であるが，マイクロマシーンのアクチュエータなどに使用するには，特別の製造方法によりリボンや薄膜を作製する。これにより応用範囲が広がる。また，このようなリボンや薄膜は組織や結晶配向においてバルク材とは異なる特徴があるので，物性研究にとっても興味あるものである。製造方法の概略はつぎのようなものである。

（a）リボン[20)~22)]　アモルファスの金属・合金をつくる方法の一つとして，単ロールまたは双ロール法による急冷凝固装置がある。これは，急速回転するロールに溶けた金属を注ぎ，急速回転するロールで急冷し，凝固による規則的な結晶の形成の前に不規則な原子配列（アモルファス）をつくるものである。この方法によって得られる試料は装置にもよるが，実験室規模では厚さ $15 \sim 20 \mu m$，幅 $1 \sim 2 mm$ の長いリボン状のものである。

（b）薄　膜　種々の薄膜の作製方法があるが，高周波マグネトロンス

パッタリング装置による方法について説明する[23]。これは目的とする組成をもった合金や元素でつくられたターゲットから原子を飛ばし，基板上に原子の集積をつくる方法である。形状記憶合金の薄膜では基板はアルミナなどなので形状記憶効果による変形の妨げとなる。このため成膜後，基板からはく離するか，基板を溶かして膜だけにすることが必要である。Ni-Ti形状記憶合金スパッタ薄膜をマイクロマシーンのアクチュエータとして応用する研究が行われ，機械的性質がバルク材の値に匹敵するものが得られている[24]。

（2）原　　料　実験室規模で，Ni-Ti形状記憶合金をつくる場合，チタンおよびニッケルの原料にスポンジチタン，電解ニッケル（いずれも純度99.9%程度）を使うことが多い。スポンジチタン，電解ニッケルとも多量のガスを含んでいるので，いわゆるガス抜きをしたあとに使うとよい。二元系以上の合金をつくる場合，それぞれの合金元素の純度が極端に異なることのないよう注意することが必要である。例えば，ある元素の純度が99%で他の元素の純度が99.999%である場合，99%純度の元素での不純物が合金の不純物として存在し，全体の純度を下げることになる。高純度の原料を使った場合，溶解時での不純物混入，その後の熱処理などで合金全体の純度を低くする場合がある。Ni-Ti形状記憶合金の場合，炭素，酸素および水素が変態温度，機械的性質に及ぼす影響について詳しく調べられている[25]~[27]。また，Ni-Ti形状記憶合金では3d遷移金属元素の添加により変態温度が低下し，R相変態が起こる[28]。このようなことからも原料を吟味して選ぶことが大切である。添加元素としてMnを使う場合は電解マンガンをそのまま溶解するとガスが出る場合があり，あらかじめガス抜きをしてから本格的な溶解をするとよい。また，Mnは蒸気圧が高いので，溶解時の減量を考慮することが必要である。

（3）溶　解　法　合金の作製法としては高周波炉やアーク炉を使って原料を溶解し，凝固させてインゴットをつくることが一般的である。合金の作製には状態図が参考になる。しかし，報告されている状態図も完全なものでない場合があり，過信してはならない。溶解後，均一化処理，加工，形状記憶熱処理の手続きを経て初めて形状記憶合金として使用可能となる。

その他，作製法として急冷凝固法，スパッタ法については前述した。加工が困難な場合，合金原料や合金の粉末から焼結などにより成形固化を行う方法がとられる。**熱間等方圧成形**（HIP）などはその例である。**放電プラズマ焼結**（spark plasma sintering, **SPS**）[29),30)] は粉末原料を加圧した状態で電流を放電することにより，焼結材をつくる方法である。焼結は一般に溶解材に比べ材料強度が小さい。

（4）加　工　原料から溶解した状態はインゴットと呼ばれる塊であるが，実用材，物性測定などに供するには，板，線，パイプなどそれぞれの用途にあった形状にすることが必要である。これらの形状にするプロセスが加工のプロセスである。一般に金属・合金の加工は圧延などが知られているが，圧延にも冷間や熱間など，多岐にわたる方法がある。さらに，このような加工プロセスにより材料における組織が変化し，それが機能にどのように影響するかが問題となってくる。

Ni-Ti 形状記憶合金の場合，加工は一種の変形を与えることに相当するので，圧延などは高温で焼鈍後に少しずつ行い，これを繰り返す。

2.2.3　新機能特性

形状記憶合金はセンサとアクチュエータの二つの機能をあわせもち，形状記憶効果と超弾性の二つの性質を示す。しかし，さらに新しい機能が加われば，その用途は広がり，多機能をもつインテリジェント材料としての価値も高まる。新しい機能として磁場駆動があげられる。

（1）**磁場駆動**　磁場で相変態を誘起させるには磁場によるエネルギーだけでは不十分である。熱弾性型マルテンサイト変態を起こす物質は変態によって双晶による格子変形が起こる。この双晶に磁区がオーバラップして外部磁場による磁区の再配列が双晶に作用し，変態を誘起する可能性がある。一方，磁場を作用させると変態温度が変化し，このため，同じ温度に試料温度を保っていても磁場をかけると変態が自発的に起こるという考え方がある[31)]。

ここでは，強磁性形状記憶合金 Ni_2MnGa について述べる。Ni_2MnGa はホ

イスラー型の結晶構造をもつ金属間化合物で強磁性を示す。Ni_2MnGa の結晶構造，磁気的性質，マルテンサイト変態に伴う表面起伏などについては1984年に Webster らによって報告された[32]。Ni_2MnGa は400 K 付近でキュリー温度をもち，200 K 付近で立方晶から正方晶への熱弾性型マルテンサイト変態を起こす。マルテンサイト相の正方晶は磁気異方性をもち，母相の立方晶は磁気異方性をもたない。Matsumoto ら[33] は非化学量論 Ni_2MnGa，$Ni_{1+x}Mn_{1-x}Ga$ を作製し，Ni 組成の増加とともにキュリー温度は低下し，マルテンサイト変態温度および逆変態温度は上昇することを明らかにした。結果を図 2.3 に示す。

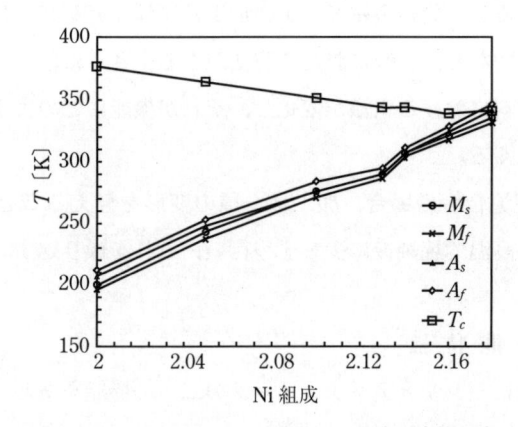

図 2.3 $Ni_{1+x}Mn_{1-x}Ga$ のキュリー温度と変態温度
〔M. Matsumoto et al.：Mater. Sci. Eng., **A273-275**, p. 326 (1999)〕

これにより，室温付近でマルテンサイト変態を起こす組成をもつ非化学量論 Ni_2MnGa を作製することができる。しかし，バルク材は脆性が大きく，インゴットからの板材・線材への加工が困難である。Ohtsuka ら[34] は高周波マグネトロンスパッタリング装置を用いて，ターゲット材組成，電力，基板などをかえて，5 μm 厚さの化学量論および非化学量論 Ni_2MnGa を作製し，熱処理を行った後，一方向および二方向形状記憶効果を実現させた。図 2.4 および図 2.5 はそれぞれ一方向および二方向形状記憶効果を示す[35),36)]。また，図 2.6 に示すように二方向形状記憶効果を示すスパッタ膜のひずみは 10 T までの磁場

2.2 力学的機能特性　17

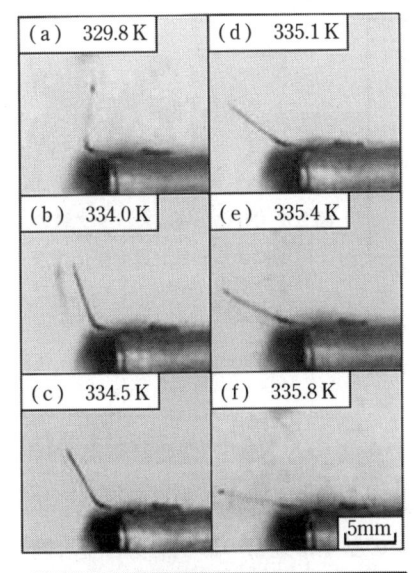

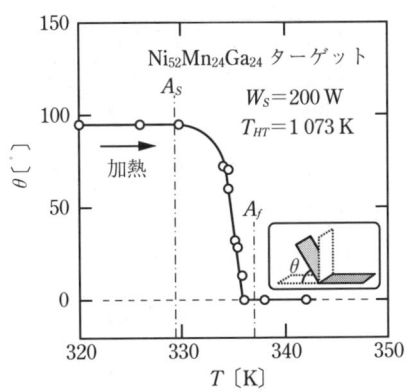

図 2.4 Ni-Mn-Ga スパッタ膜における一方向形状記憶効果
〔M. Ohtsuka and K. Itagaki：International Journal of Applied Electromagnetics and Mechanics, **12**, p. 49（2000）〕

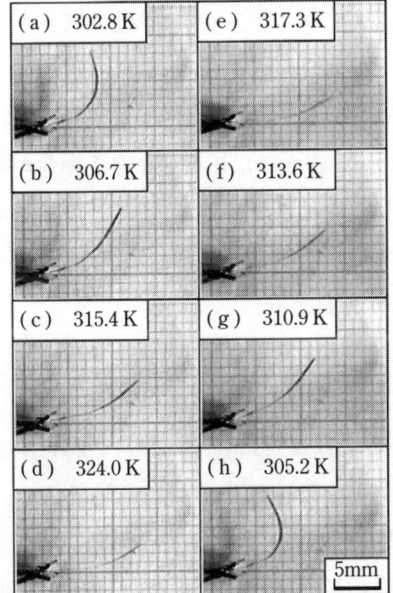

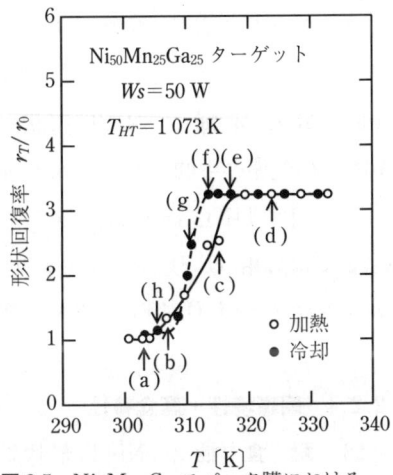

図 2.5 Ni-Mn-Ga スパッタ膜における二方向形状記憶効果
〔M. Ohtsuka et al.：Transactions of the Material Society of Japan, **26**, 1, p. 201（2001）〕

の増加とともに大きくなるが，磁場を減少させるとひずみは小さくなりもとに戻る。これは磁場でのスパッタ膜の変形と回復による形状記憶効果を示している[37]。

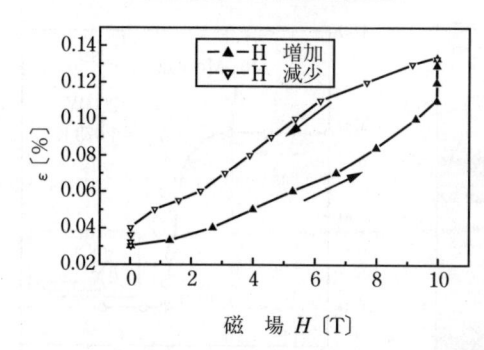

図2.6 Ni-Mn-Gaスパッタ膜の磁場による形状記憶効果に伴うひずみ変化

〔M. Ohtsuka et al.：Proceedings of International Conference "Functional Materials", p. 159（2001）〕

（2）高温駆動 実用材として使われている Ni-Ti 合金は室温付近で形状記憶効果を示すが，さらに高温で形状記憶効果を示すものが高温型形状記憶合金である。形状記憶効果のメカニズムの基本は通常の形状記憶合金と同じである。しかし，高温で駆動させるには高温でマルテンサイト変態とその逆変態を起こすことが要求される。合金例としては Ti-Pd などがある。

（3）R 相変態 Ni-Ti 形状記憶合金母相（B2）とマルテンサイト相（B19'）の変態の中間に R（Rhombohedral，菱面体）相が存在する場合がある。この相は $TiNi_{1-x}Fe_x$ においてみつけられた[38]。すなわち，Ni-Ti 形状記憶合金では母相（B2）→マルテンサイト相（B19'）と母相（B2）→ R 相→マルテンサイト相（B19'）の2種の変態が存在する。

2.2.4 耐環境性・腐食特性

（1）耐食性 Ni-Ti 形状記憶合金は腐食に強く，バルク試料から電顕用試料を作成するときにはフッ化水素系の薬品を用いなければならない。一方，銅系や鉄系では Ni-Ti に比べ腐食しやすい。腐食などの問題は使用環境に依存する。形状記憶効果に対する腐食の影響は，この効果が結晶全体の原子の変位という点から考えれば，表面の腐食程度では影響は小さいと考えてよい。

（2）**生体適合性**　形状記憶合金を人工歯根やボーンプレートとして人体への埋込みを行う場合，形状記憶合金の構成元素が人体に影響し，アレルギーなどを誘発するなどの危険が考えられる。Ni-Ti 形状記憶合金の場合は Ni にその危険があるといわれている。このため，Ni を含まない生体用形状記憶合金，例えば，Nb-Ti-X（X=Sn, Ga, Ge および In など）などの開発が進められている[39],[40]。

2.2.5 疲労・寿命

形状記憶効果を示す際，形状記憶合金では変態に伴う疲労，材料としての疲労が問題となる。疲労・寿命はどの程度の大きさの応力がかけられたか，などの因子が関係してくるが，Ni-Ti 形状記憶合金の場合は一般的に小さい応力では 10^6 回の寿命といわれている。しだいに記憶力がうすれるという問題，形状変化率や形状回復力が小さくなったりする現象は疲労と関係してくる。使用しているうちにしだいに形状記憶効果が小さくなり，ついには形状記憶効果を示さなくなる経過をたどる。前述のように形状記憶効果は熱弾性型マルテンサイト変態に伴い双晶が形成されるが，繰り返し変態を続けると格子欠陥が発生し，それが増長してスムーズな結晶変態が阻害される[41],[42]。

2.3　基本的な変形特性

2.3.1　超弾性・エネルギーの貯蔵と散逸

通常の材料は応力とともにひずみは増大するが，弾性領域内では除荷に伴って消失する。塑性領域内では除荷によりひずみが残り，これを残留ひずみという。形状記憶合金ではこの残留ひずみが加熱とともに消失するという形状記憶効果を示す。**図 2.7** に 400℃で熱処理した Ni-Ti 形状記憶合金の応力-ひずみ曲線を示す[43]。図（a）〜（j）のひずみ軸における点線は形状記憶効果を示している。超弾性を示す形状記憶合金の応力-ひずみ曲線は A_f 以上の温度では図（k）〜（q）に示すように，塑性領域からの除荷の際，残留ひずみを

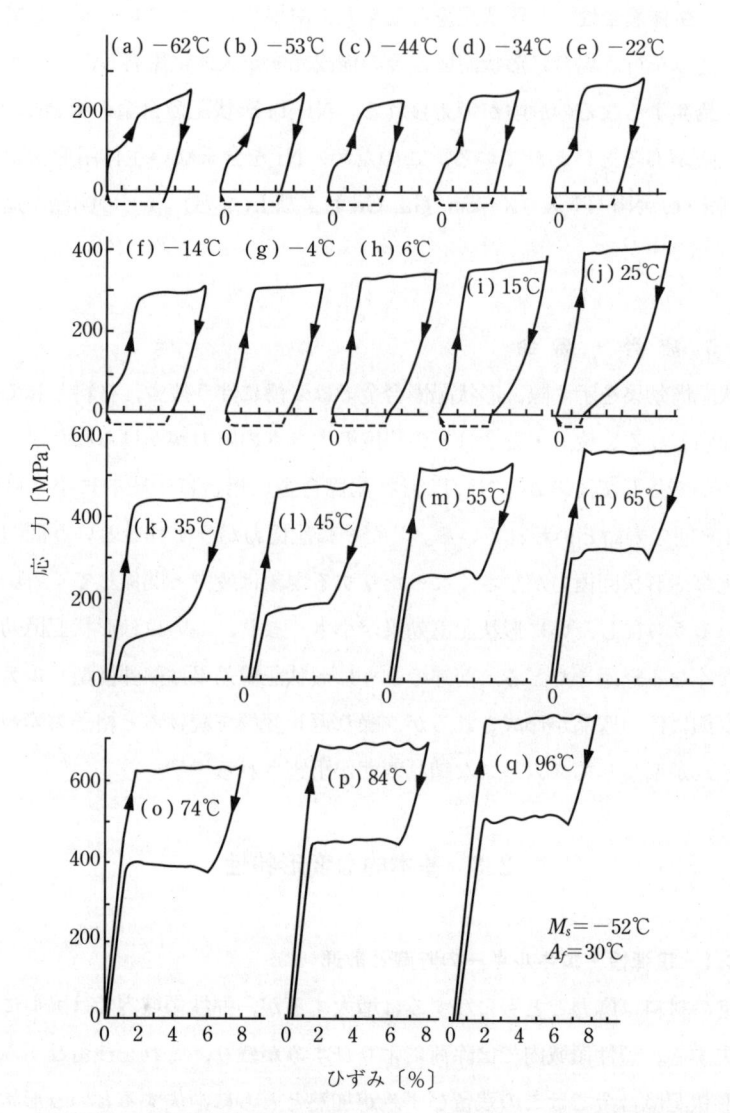

図 2.7 400°Cで熱処理した Ni-Ti の応力-ひずみ曲線
〔田中喜久昭他：形状記憶合金の機械的性質, p.51, 養賢堂 (1993) ; S. Miyazaki et al. : J. de Physique C 4 sup no 12 Tom 43, C 4-255 (1982)〕

示さず,弾性領域内にあるかのようにひずみを残さない。

図2.8は超弾性領域における応力-ひずみ曲線を示している[44]。E_rは回復ひずみエネルギーおよびE_dは散逸ひずみエネルギーを示している。形状記憶合金のE_rは通常の金属に比べて約120倍となり,このため形状記憶合金はエネルギー貯蔵用材料としても使われる。また,形状記憶合金のE_dは通常の金属の弾性領域内でのそれより大きく,このため形状記憶合金は防振材料としても有用である。

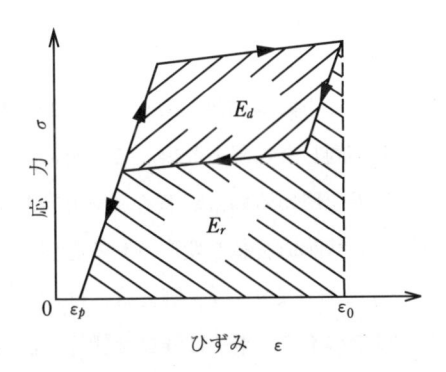

図2.8 回復ひずみエネルギーE_rと散逸ひずみエネルギーE_d

〔田中喜久昭他:形状記憶合金の機械的性質, p.47, 養賢堂 (1993)〕

2.3.2 回復応力・一定ひずみ下での加熱・冷却[45]

形状記憶合金が形状記憶効果によりもとの形に戻るときに発生する力を回復応力または形状回復力という。形状記憶合金に一定のひずみをかけて変形させたあとに,変態温度の上下にわたり加熱・冷却を行うと,変態に伴う形状記憶効果により回復応力が発生する。A_fとM_fの温度を超えて温度を上下させる場合と途中の温度までで加熱・冷却する場合とでは回復応力に差が生じる。

2.3.3 回 復 ひ ず み[46]

形状記憶合金に応力をかけると,ひずみは弾性領域から塑性領域へと変化する。弾性領域内で除荷するとひずみは消失するが,塑性領域での除荷では形状記憶合金は変形した状態に止まっている。この変形量が残留ひずみである。こ

こで加熱すると，一般の金属・合金はそのままの形を保って残留ひずみの量は変わらないが，形状記憶合金では残留ひずみは小さくなりもとの形状に戻ろうとする。図2.7（a）～（j）にその様子を示す。どの程度もとの形状に戻ったかが回復ひずみである。回復ひずみが残留ひずみを上回っているか，回復ひずみと残留ひずみとの量が等しい場合，変形は形状記憶効果により完全に消失する。しかし，回復ひずみが残留ひずみより小さい場合は形状記憶効果によっても変形は完全に消失せず，変形の一部が残ったままである。

2.3.4　二方向性・バイアス素子

　形状記憶効果には一方向と二方向がある。二方向は加熱・冷却で自発的な形状変化が起こるが，加熱と冷却とで回復力が同じとは限らない。このため，つねに一定の回復力を示す一方向形状記憶効果を用いる場合がある。一方向形状記憶効果を起こさせるには，応力をかけて形状記憶合金を変形させる必要がある。このため，**バイアス素子**（bias（一方に傾けるの意）。例えば，ばね）を用いる。**図2.9**にその例を示す[47]。この図でバイアス素子は伸びた状態に記憶された形状記憶合金ばねをつねに左に押し，形状記憶合金ばねを縮める力をかけている。バイアスばねは形状記憶合金ばねを左側に縮めているが，A_f温度以上では形状記憶合金ばねの回復力が強く，バイアスばねの力を上回り，形状記憶合金ばねが伸びている状態にある。これとは逆に，温度が低下するにつれ，バイアスばねの力は形状記憶合金ばねを押し，形状記憶合金ばねは縮む。これで二方向性が出てくる。この場合，形状回復力はバイアスばねの力を超え

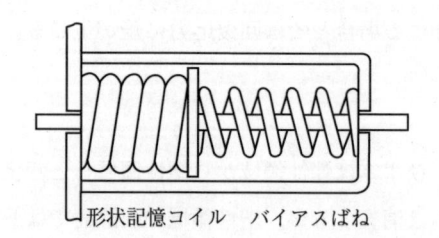

形状記憶コイル　バイアスばね

図2.9　ばねを使った二方向性形状記憶素子の動作原理

〔鈴木雄一：実用形状記憶合金，p.7，工業調査会（1987）〕

ることが必要である。

2.3.5 加熱速度依存性

一方向形状記憶効果が加熱による熱弾性型マルテンサイト変態の逆変態による形状変化であることはこれまでの記述で明らかになった。すなわち，一方向形状記憶効果ではA_s温度で母相が出現するとともに形状回復変化が起こり，A_f温度で形状回復変化が終了する。ここで形状記憶効果の加熱速度は，形状記憶合金の各部分が熱伝導によりいかに均一にA_sとA_f温度を通過するかによる。一般に金属・合金の熱伝導はセラミックスなどに比べて大きく，パルス的に加熱速度を非常に大きくしない限り，形状記憶効果の加熱速度依存性は小さいと考えられる。駆動素子としての形状記憶合金が熱のシンクに機構上接している場合は形状記憶効果を起こさせる十分な熱量を考慮する必要がある。

実験室規模での微小試料を用いての加熱・冷却は比較的試料全体が均一の温度変化を受けて変態が試料全体で起こり，形状記憶効果の応答性に均一性がみられる。しかし，この形状記憶合金をアクチュエータ（駆動素子）としてデバイスに組み込んだ場合，形状記憶合金全体が均一の温度変化を受けることが困難になり，加熱または冷却速度による回復応力や形状記憶効果の応答性に不均一性がみられる[48]。

2.3.6 形状記憶合金に関するJIS規格[49]

JIS（Japanese Industrial Standards，日本工業規格）は日本の鉱工業に関する国家規格である。金属材料に関しては，例えば，成分組成，板材なら寸法まで細かく定められている。これらのデータをもとにしてさまざまな設計を行うことができる。形状記憶合金に関してはこのような規格がまだ定められていない。これは，形状記憶合金の機能や寿命・疲労が組成，熱処理，応力，熱や応力の履歴，環境（使用時の雰囲気など）などで微妙に変化し，一定の規格をもつ状態にするには多くの因子が関係してくるためである。このように，他のインテリジェント材料を含め，形状記憶合金の規格化には種々の解決すべき問

題が残されている。このため，現段階では形状記憶合金の特性の測定法などについて規格を定め，同一法で測定した場合の比較ができるようにしてある。例えば，変態温度を決定するにしても，電気抵抗や磁性の温度変化における測定値の変化から決定するか，熱分析で決定するかで多少の違いが起こる可能性がある。JIS で変態温度は熱分析で決定すると定められた。大学やメーカの研究者からなる委員会により決定された形状記憶合金に関しての JIS 規格はつぎのようなものである。

機能性材料の JIS 一覧表

形状記憶合金用語（JIS H 7001：2002）

形状記憶合金の変態点測定方法（JIS H 7101：2002）

Ti-Ni 系形状記憶合金の定温引張試験方法（JIS H 7103：2002）

形状記憶合金コイルばねの定温荷重試験方法（JIS H 7104：2002）

形状記憶合金コイルばねの定ひずみ試験方法（JIS H 7105：2002）

形状記憶合金コイルばねの定ひずみ熱サイクル試験方法（JIS H 7106：2002）

Ti-Ni 形状記憶合金線（JIS H 7107：2003）

3 形状記憶合金の繰返し特性と疲労

3.1 繰返し変形特性

　形状記憶効果や超弾性の機能特性を応用する形状記憶合金素子（SMA素子）は繰り返し作動する場合が多い。形状記憶合金素子の作動特性は作動温度，駆動力，作動ストロークなどで規定される。これらの作動特性は形状記憶合金の変態温度，変態応力，変態ひずみで定まる。繰り返し作動することで合金の変態特性が変化すると，形状記憶合金素子の作動特性が変化する。したがって，繰返し変形を受ける形状記憶合金素子で目的の作動特性を得るためには，合金の繰返し変形特性が重要である[1)~3)]。応用において形状記憶合金素子は負荷・除荷の力学サイクルおよび加熱・冷却の熱サイクルの組合せ負荷を受ける。したがって，形状記憶合金素子の設計においてはこれらの熱・力学経路に関する合金の繰返し変形特性を考慮する必要がある。本節では種々の熱・力学負荷に対する繰返し変形特性を示す。

3.1.1 形状記憶効果

　形状記憶効果を調べる実験における3次元の応力-ひずみ-温度関係を図3.1に示す。A_f点が50℃のNi-Ti合金線材について負荷・除荷と加熱・冷却の繰返し試験で得られた応力-ひずみ曲線を図3.2に，ひずみ-温度曲線を図3.3に示す[4)]。図において N は繰返し数を表す。実験では，①最初に20℃において最大ひずみ ε_m まで負荷し，②その後除荷した。無応力下で③80℃まで加

26　3．形状記憶合金の繰返し特性と疲労

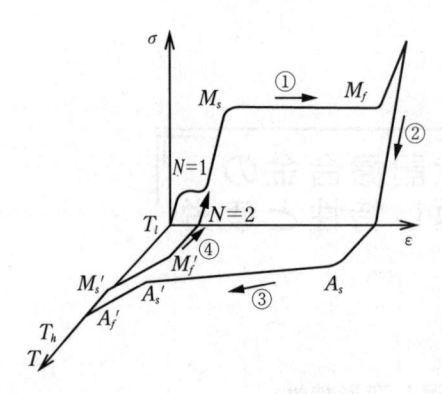

図 3.1 繰返し形状記憶効果試験における 3 次元応力-ひずみ-温度関係

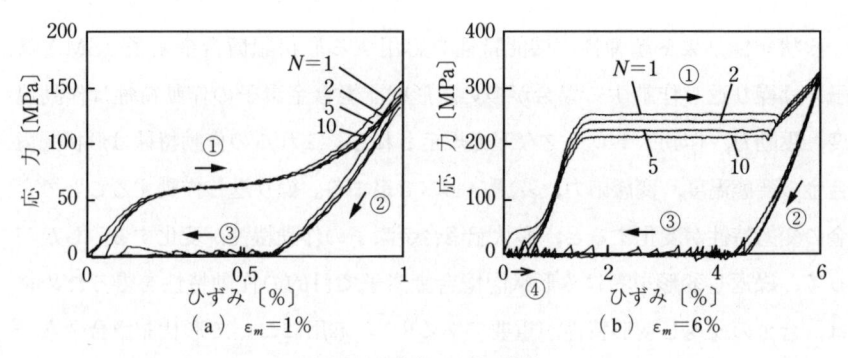

図 3.2 応力-ひずみ曲線
〔伊見亮他：日本機械学会論文集 A，**61**，592，pp. 2629〜2635（1995）〕

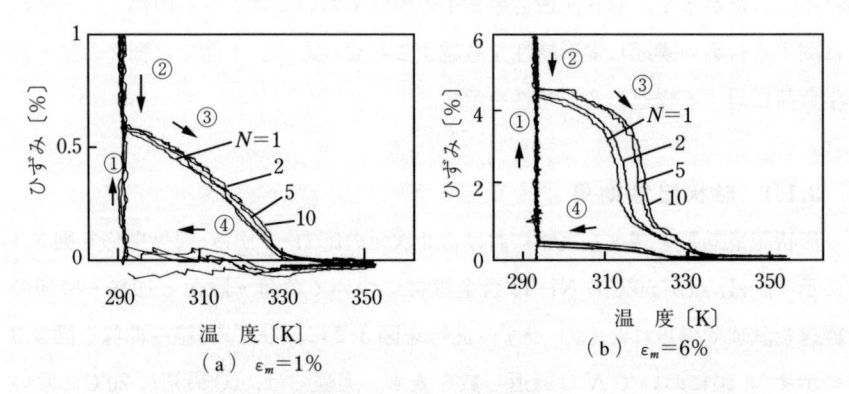

(a) $\varepsilon_m = 1\%$
(b) $\varepsilon_m = 6\%$

図 3.3 ひずみ-温度曲線
〔伊見亮他：日本機械学会論文集 A，**61**，592，pp. 2629〜2635（1995）〕

熱し，④ その後 20°C まで冷却した。① 〜 ④ のサイクルを繰り返した。

$\varepsilon_m=1\%$ の場合には，負荷過程 ① において R 相の再配列による降伏が 60〜70 MPa の応力下で生じ，除荷 ② 後に 0.6% のひずみが残留する。加熱過程 ③ では逆変態によりひずみは消滅し，冷却過程 ④ においてひずみは 0 のままである。繰返しにより変形特性は変化しない。したがって，ひずみが 1% 以下の場合には R 相変態のみが現れ，R 相変態に伴う変形特性は繰返しで変化せず，一定の特性が得られる。

$\varepsilon_m=6\%$ の場合には，負荷過程 ① において最初に現れる R 相変態のあとに応力誘起マルテンサイト変態（M 変態）による**水平段**（stress plateau）が 280 MPa の応力下で現れる。このマルテンサイト変態の水平段はひずみが 1.2% で開始し，5.2% で終了する。マルテンサイト変態応力は繰返しで低下する。繰返しによるマルテンサイト変態応力の低下割合は初期に大きく，漸次小さくなる。マルテンサイト変態の開始と終了のひずみは繰返しで変化しない。負荷過程の初期に現れる R 相変態に伴う降伏は繰返しにより明瞭に現れなくなる。除荷 ② 後に 4.5% のひずみが残留する。加熱過程 ③ においてマルテンサイト変態の逆変態が 42°C の近傍で生じ，ひずみは約 0.8% まで減少する。その後の加熱により R 相変態の逆変態によりひずみは消滅する。加熱によりひずみの回復するマルテンサイト変態の逆変態温度は，繰返し数が増すにつれ高温側に移動する。

このマルテンサイト変態の逆変態温度の繰返しによる上昇量は，繰返しの初期に大きく，その後は徐々に小さくなる。冷却過程 ④ においては R 相変態によりひずみが 0.5% 増加する。冷却により回復ひずみと逆方向のひずみが現れる現象は二方向形状記憶効果という。二方向性については 3.1.7 項で述べる。二方向形状記憶効果で現れるひずみは繰返しの初期に大きく増加し，その後は徐々に増加する。繰返し変形を受けると冷却過程において R 相変態による二方向ひずみが現れるため，応力-ひずみ曲線においては初期に現れる R 相変態に伴う降伏段が明瞭に現れなくなる。

このような繰返し変形特性を**図 3.4** の応力-ひずみ-温度曲線に示す[5]。図か

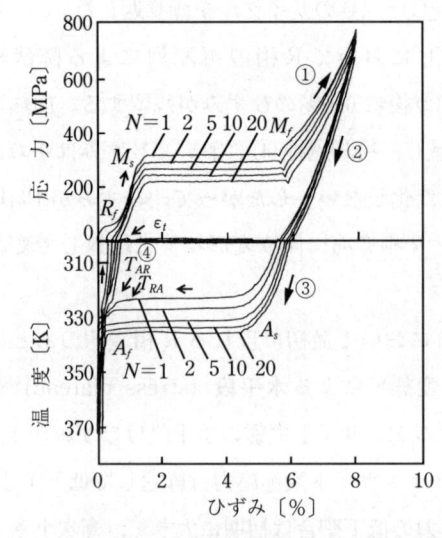

図 3.4 繰返し負荷・除荷および加熱・冷却を受ける場合の応力-ひずみ-温度曲線

〔伊見亮他：日本機械学会論文集 A, **62**, 596, pp. 1038〜1044 (1996)〕

ら繰返し変形によるマルテンサイト変態応力の減少，マルテンサイト変態の逆変態温度の上昇，R 相変態による二方向ひずみの増加などの特性がわかる。

3.1.2 超 弾 性

A_f 点 50℃の Ni-Ti 合金の繰返し引張試験で得られた応力-ひずみ曲線を**図 3.5** に示す。この場合の応力-ひずみ曲線はマルテンサイト変態に基づく大きなヒステリシスループを描き，負荷過程と除荷過程においてそれぞれ大きな応力の水平段が現れる。負荷過程における水平段は応力誘起マルテンサイト変態によるものである。このときのマルテンサイト変態応力 σ_M は繰返し数 N の増加とともに減少する。また，除荷後に現れる残留ひずみ ε_p は繰返し数の増加とともに大きくなる。繰返しに伴う σ_M と ε_p の変化割合は繰返しの初期に大きく，N の増加とともに小さくなる。この現象は繰返し変形により増加する転位に基づく内部応力の作用により現れる[3]。転位の発生により除荷後に残留マルテンサイトが現れる。母相の中にマルテンサイト相が埋め込まれる状態になるので内部応力が生じる。繰返しによる残留マルテンサイト相の発展を考

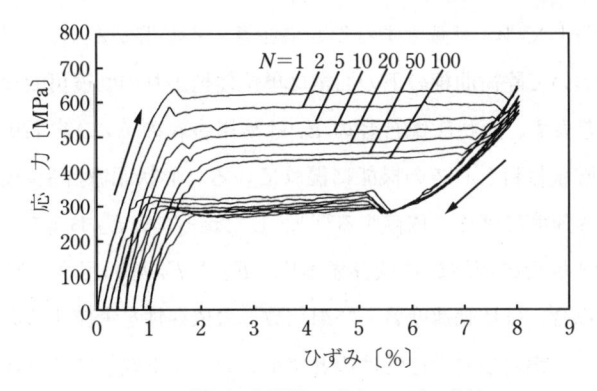

図 3.5 繰返し超弾性の応力-ひずみ曲線
($\varepsilon_m = 8\%$, $T = 353\,\text{K}$)

慮する理論によりこれらの繰返し変形挙動はうまく表現できる[6]。

　一方，除荷過程の水平段で表される逆変態応力 σ_A は繰返し数の増加とともに減少するが，その減少量は σ_M の減少量に比べて小さい。繰返しによる σ_M と σ_A の挙動に差異の生じる理由はつぎのように考えられる。除荷後には繰返し変形により母相の中に残留マルテンサイト相が増加し，このために内部応力が大きくなる。負荷過程においては大きくなった内部応力が作用するので，低い外部応力 σ_M でマルテンサイト変態が生じる。これに対し，マルテンサイト変態の終了点 M_f まで負荷した状態ではいずれの繰返し数においても同じマルテンサイト相の状態になっており，このために除荷過程においてはほぼ同じ外部応力 σ_A の下で逆変態が生じる。

　負荷過程および除荷過程においてそれぞれマルテンサイト変態と逆変態の開始点でオーバシュートとアンダシュートが現れる。これらの現象は各変態の開始には変態の進展に必要な水平段の応力 σ_M と σ_A を過渡的に超える応力が必要なために現れる。M_s 点におけるオーバシュート量は，繰返し数の増加とともに小さくなる。

　図 3.5 に示した応力-ひずみ曲線のヒステリシスループの囲む面積は単位体積当りの散逸仕事 W_d を表す[7,8]。繰返し変形により σ_M が大きく減少することから，W_d も減少する。W_d の特性は防振や振動の吸収に利用される。応用に

おいては繰返しで W_d が減少することに注意する必要がある。また，応力-ひずみ曲線において除荷曲線の下の面積は単位体積当りの回復可能なひずみエネルギー E_r を表す。形状記憶合金の E_r は常用金属の E_r の約120倍であり，エネルギー貯蔵材料としての機能に優れている。形状記憶合金の応力-ひずみ曲線はひずみ速度に著しく依存する[9),10)]。したがって，E_d および E_r は繰返し変形を受ける場合の周波数に依存する[11)]。E_d や E_r を利用する形状記憶素子を設計する場合には作動速度および周波数への依存性を考慮する必要がある。

上述のように繰返し変形を受けるとマルテンサイト変態特性は繰返しの初期に大きく変化し，その後に一定の状態に飽和する。したがって，一定のマルテンサイト変態特性を得るためには，実用前に形状記憶素子に繰返し変形を与える力学的トレーニングが有効である。

Ni-Ti 合金の超弾性変形が R 相変態に基づいて生じる場合の応力-ひずみ曲線を図3.6に示す。図からわかるように，繰り返し引張変形を受けた場合，応力-ひずみ曲線は繰返しでほとんど変化しない。したがって，R 相変態に基づく超弾性変形は繰返しに対して安定しており，一定の変形特性が得られる。

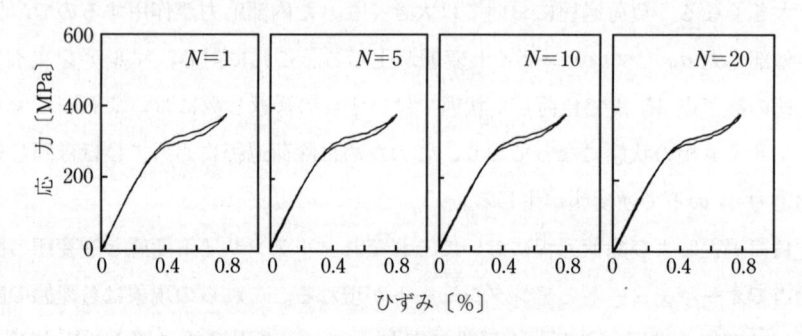

図3.6 応力-ひずみ曲線（$T_p=723\,\mathrm{K}$）

3.1.3 一定応力下でのひずみの挙動

最大ひずみが1%以下で一定応力を保って加熱・冷却を行った場合の応力-ひずみ曲線を図3.7に，ひずみ-温度曲線を図3.8に示す[12)]。図3.7と図3.8は，Ni-Ti 合金において，①30℃で負荷し，一定の応力 σ_m に達したあとに

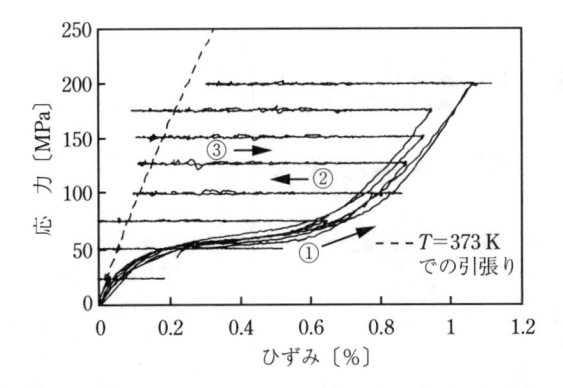

図 3.7 一定応力下で加熱と冷却を受ける場合の応力-ひずみ曲線
〔蜂須賀孝他：日本機械学会論文集 A，**64**，617，pp. 178〜185（1998）〕

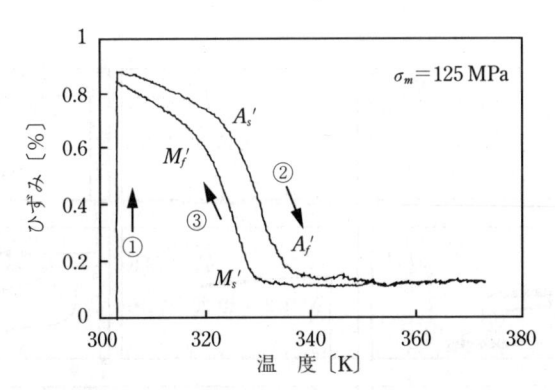

図 3.8 一定応力 σ_m の下でのひずみ-温度曲線
〔蜂須賀孝他：日本機械学会論文集 A，**64**，617，pp. 178〜185（1998）〕

② σ_m を保ちながら 100℃まで加熱し，③ 30℃まで冷却した場合の結果である．最初の負荷過程①において応力の作用による R 相の再配列で応力の水平段が現れる．つぎに，② σ_m の下での加熱による逆変態でひずみが減少する．③ σ_m 一定下での冷却過程において応力の作用による R 相の再配列でひずみが再び増加する．

つぎに，①最初に $T_1=293$ K で最大ひずみ ε_0 が 1％以上まで負荷し，そのときの応力を保ちながら②温度 T_2 までの加熱と③温度 T_1 までの冷却を $N=100$ 回繰り返した場合の応力-ひずみ曲線を**図 3.9** に，ひずみ-温度曲線を

3. 形状記憶合金の繰返し特性と疲労

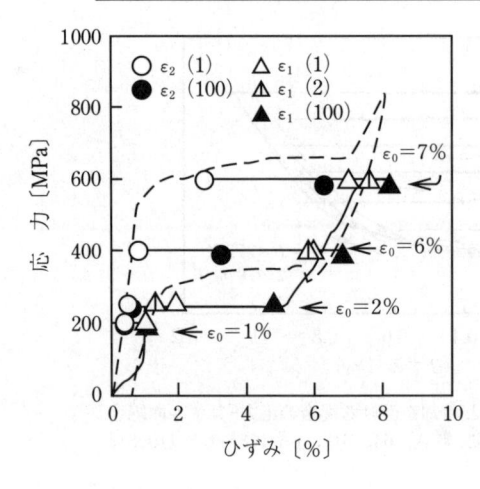

図3.9 一定応力下で加熱と冷却を繰り返し受ける場合の応力-ひずみ関係
($\varepsilon_0=1\%$と2%の場合 $T_2=373$ K，$\varepsilon_0=6\%$と7%の場合 $T_2=413$ K)
〔戸伏壽昭他：材料, **40**, 457, pp.1276～1282 (1991)〕

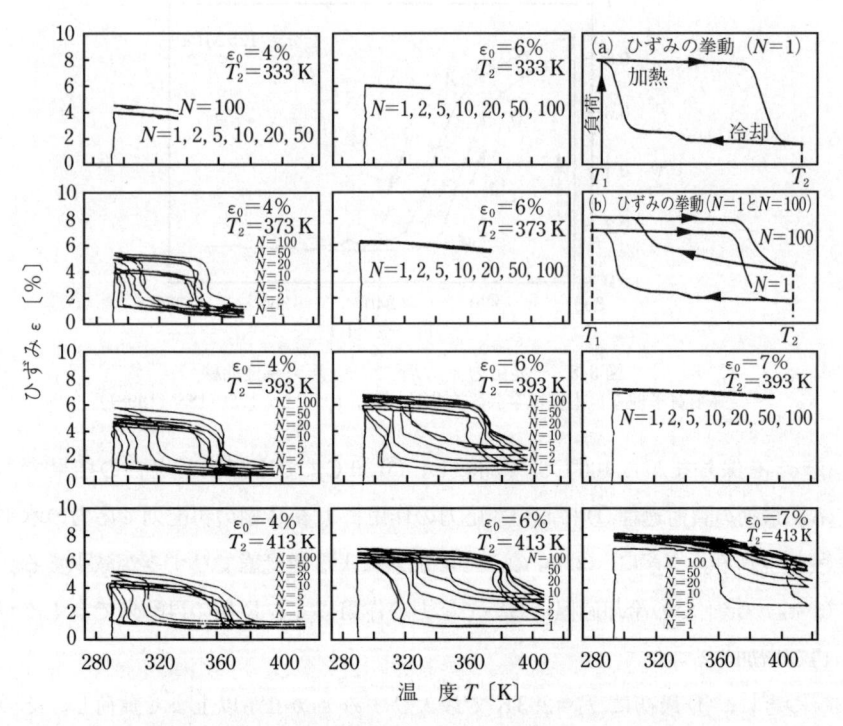

図3.10 一定応力下で熱サイクルを受けた場合のひずみの挙動
〔戸伏壽昭他：材料, **40**, 457, pp.1276～1282 (1991)〕

図3.10に示す[13]。Ni-Ti合金ではひずみが1%を超えるとマルテンサイト変態が生じる。②加熱による逆変態でひずみは ε_2 まで減少し，③冷却過程においては応力誘起マルテンサイト変態でひずみは ε_1 まで増加する。繰返し数の増加により変態温度は上昇する。繰返しによるマルテンサイト変態温度の上昇量は逆変態温度の上昇量より大きい。初期ひずみ ε_0 が大きく，したがって一定に保つ応力が大きい場合には，変態温度は高い。このために，繰返しにより逆変態の終了温度が上昇し，加熱温度 T_2 より高くなると逆変態は終了せず，ひずみの減少量は小さくなる。このことは，応用においては形状記憶合金素子の作動ストロークが小さくなることに対応する。したがって，大きな変形を受ける形状記憶合金素子の設計においてはこれらの点を考慮する必要がある。

3.1.4 回復応力

形状記憶効果でひずみが回復する場合に，ひずみを拘束すると逆変態による回復応力が発生する。この場合の応力-温度関係と応力-ひずみ関係を図3.11に示す。応力-ひずみ曲線において除荷後の回復応力を表す直線の傾き K はバイアス素子のばね定数に対応しており，変形の拘束率を規定する。応力-温度関係からわかるように，回復応力は加熱過程において逆変態領域で増加する。

Ni-Ti合金について30℃で予ひずみ $\varepsilon_m = 2\%$ を与え，除荷後のひずみを完

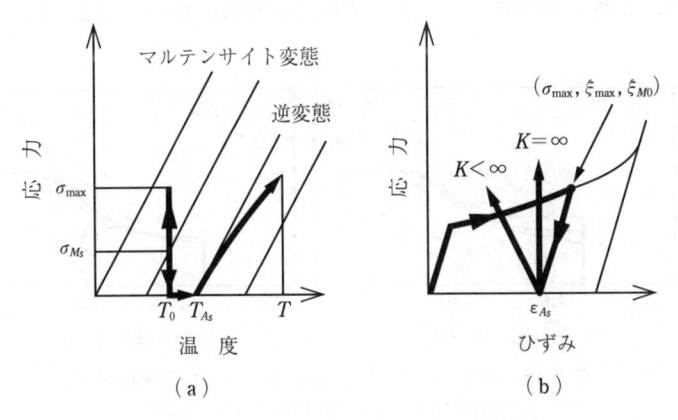

図3.11 予負荷後の回復力の発生（模式図）

全固定（$K=\infty$）し，90℃までの加熱と冷却を繰り返した場合の応力-温度曲線を図3.12に示す[14]。$N=1$の場合，加熱の初期においてR相変態域で応力が増加し，その後にマルテンサイト変態の逆変態開始線A_sに沿って応力は増加する。冷却過程においてはR相変態域で応力が減少する。$N=10$においては，加熱・冷却で応力はR相変態域でのみ増加・減少する。繰返しによる回復応力の減少量は30 MPa以下であり，小さい。

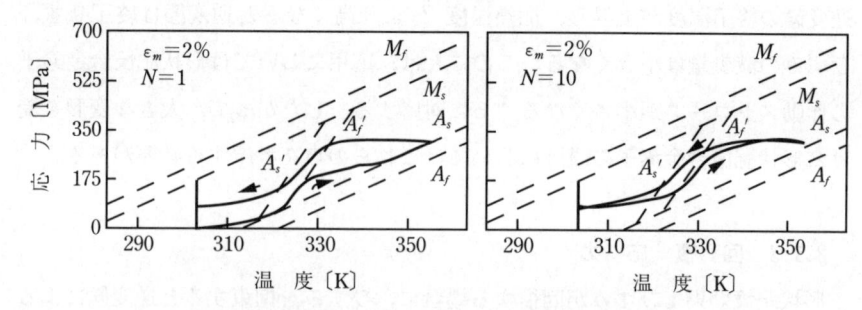

図3.12 繰返し数$N=1$と10における応力-温度曲線
（残留ひずみ一定下での加熱と冷却）
〔林萍華他：日本機械学会論文集A，**60**，569，pp.113〜119（1994）〕

同様に，予ひずみ$\varepsilon_m=2\%$を与え，これを完全固定して加熱・冷却を繰り返した場合の応力-温度曲線を図3.13に示す[15]。また，高温時応力σ_h，低温時応力σ_cおよび有効な回復応力$\sigma_e=\sigma_h-\sigma_c$と$\varepsilon_m$との関係を図3.14に示す。この場合，加熱・冷却により応力はR相変態領域において増加・減少する。

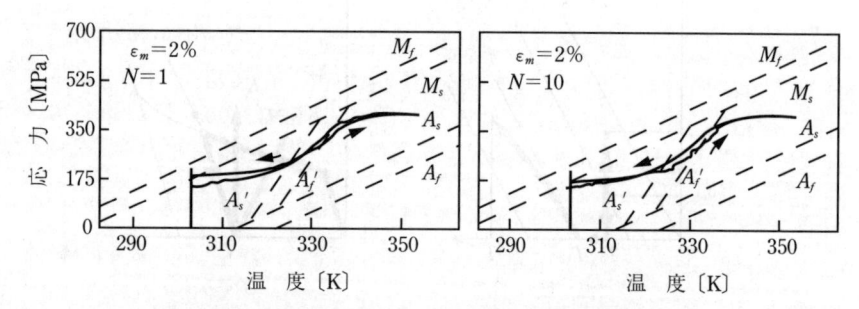

図3.13 繰返し数$N=1$と10における応力-温度曲線
（最大ひずみε_m一定下での加熱と冷却）
〔林萍華他：日本機械学会論文集A，**60**，569，pp.120〜125（1994）〕

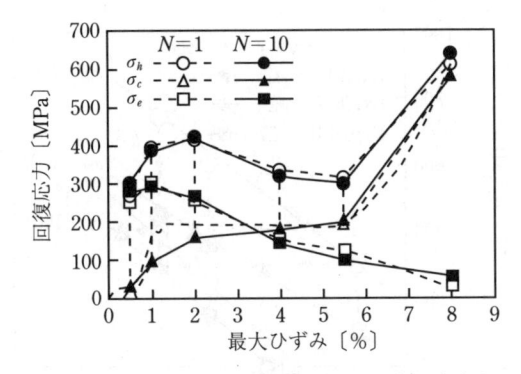

図 3.14 繰返し数 $N=1$ と 10 における高温時応力 σ_h, 低温時応力 σ_c および加熱・冷却に関して有効な回復応力 σ_e と最大ひずみ ε_m との関係
〔林萃華他：日本機械学会論文集 A, **60**, 569, pp. 120〜125 (1994)〕

繰返しによる回復応力の変化は小さい。したがって，繰返し回復応力を利用する場合には，繰返しでほぼ一定の回復力が得られる。有効な回復応力は約 300 MPa であり，$\varepsilon_m=1$%の近傍で得られる。

3.1.5 変態線の挙動

一定温度で負荷・除荷を繰り返す実験（Exp. PE）で得られたマルテンサイト変態の開始応力と逆変態の開始応力，一定応力下で加熱・冷却を繰り返す実験（Exp. RD）で得られた各変態の開始温度，および負荷・除荷と加熱・冷却を繰り返す実験（Exp. SME）で得られた各変態が開始する応力と温度を $N=1$ と 100 回について**図 3.15** の応力-温度平面上に示す[16]。マルテンサイト変態および逆変態の開始線は N が大きくなると低応力側および高温度側に移動する。繰返しによる変態線の移動量はマルテンサイト変態の場合のほうが逆変態の場合より大きい。

応力-温度平面で表した R 相変態域とその逆変態域は重なる[17]。R 相変態域はマルテンサイト変態域とその逆変態域との中間に位置する。R 相変態線の傾きはマルテンサイト変態線の傾きより 2〜3 倍大きい。繰返し変形により R 相変態の変態応力と変態温度はほとんど変化しない。

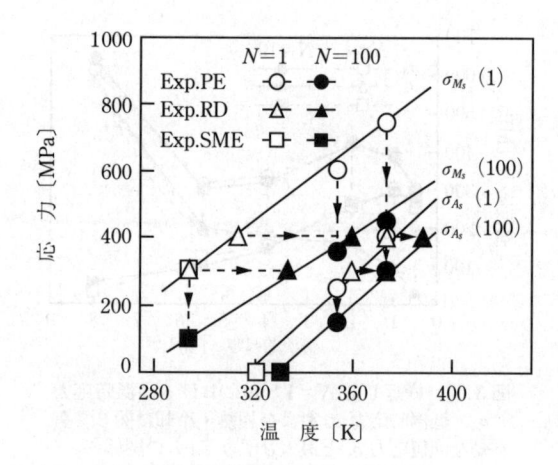

図3.15 $N=1$ および100における応力誘起マルテンサイト変態および逆変態の開始応力と開始温度の関係
〔戸伏壽昭他：日本機械学会論文集A，**58**，552，pp.1411〜1416 (1992)〕

上述のマルテンサイト変態と逆変態に関する繰返し特性に基づき，応力-温度平面における変態線の繰返し挙動を模式的に**図3.16**に示す[18]。繰り返し作動する形状記憶合金素子を設計する場合，つぎのような点に注意する必要があ

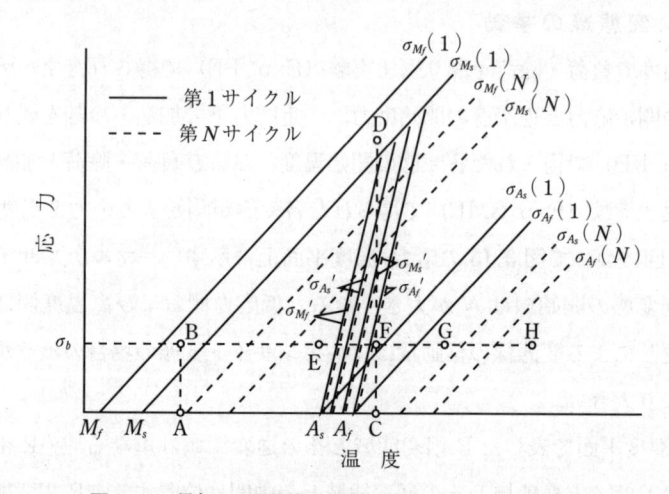

図3.16 最初と N 回目におけるマルテンサイト変態と R相変態の変態開始と終了線
〔戸伏壽昭他：日本機械学会論文集A，**59**，562，pp.1497〜1504 (1993)〕

る。

　$N=1$ において点Cの温度が A_f 点より高い場合を考える。繰返し変形により逆変態線が点Cより高温側に移動すると、点Cの温度での負荷・除荷では超弾性が現れなくなったり、点Cまでの加熱ではもとの形状に戻らなくなったりする。一方、点Aの温度で点Bまで負荷し、点Bの応力 σ_b を保ちながら加熱・冷却を繰り返す場合を考える。$N=1$ においては点Gの温度まで加熱すれば形状はもとに戻る。しかし、繰返し変形により逆変態線が点Gより高温側に移動すると、点Gの温度までの加熱ではもとの形状に戻らなくなる。もとの形状に戻すためには点Hの温度まで加熱する必要がある。

3.1.6　サブループ挙動

　形状記憶合金素子が繰り返し作動する場合、使用条件に応じて温度、変位あるいは力が種々に変動することが考えられる。マルテンサイト変態の開始と終了の条件を満たすように温度、変位あるいは力が変動するフルループあるいは完全ループの場合には、マルテンサイト変態の開始と終了の条件が明らかになるので、形状記憶合金素子の作動特性は容易に定まる。しかし、サブループ、インナーループあるいは部分ループと呼ばれる場合には、マルテンサイト変態の開始あるいは終了の条件が満たされない状態で温度、変位あるいは力が変化する。したがって、このような場合には形状記憶合金素子の作動ストロークや駆動力が十分に得られない可能性があるので、形状記憶合金素子の設計において注意することが大切である。

　一定応力の下で温度の変動幅が徐々に減少する場合のひずみ-温度関係を図 3.17 に示す[19]。マルテンサイト変態および逆変態の開始と終了の温度の範囲内で温度が反転すると、おのおのの変態の進展が停止する。加熱過程においては回復ひずみが止まり、冷却過程においてはマルテンサイト変態ひずみの成長が止まる。このために変動するひずみの幅が減少する。すなわち、形状記憶合金素子の作動ストロークが減少することになる。

　一定温度下でひずみ幅が変動した場合の応力-ひずみ関係を図 3.18 に示

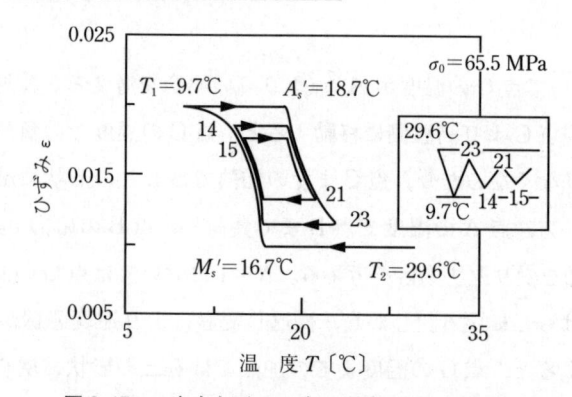

図3.17 一定応力下のひずみ-温度ヒステリシス
(上，下限温度が変化する場合，Cu-Zn-Sn合金)
〔田中喜久昭他：形状記憶合金の機械的性質，pp.103〜106，養賢堂 (1993)〕

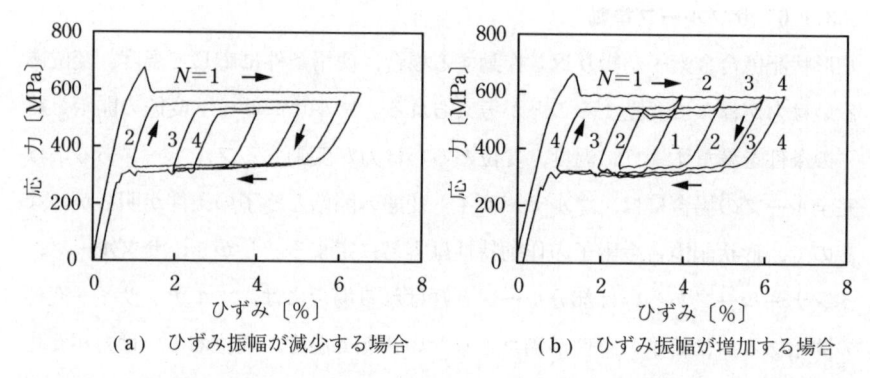

(a) ひずみ振幅が減少する場合　　(b) ひずみ振幅が増加する場合

図3.18 ひずみ速度2%/minでの負荷・除荷のサブループを受ける場合の応力-ひずみ曲線
〔林萍華他：日本機械学会論文集A, **60**, 574, pp.1390〜1396 (1994)〕

す[20]。ひずみ変動の繰返し回数に比例して水平段の応力が減少する。これは，応力誘起マルテンサイト変態ではマルテンサイト相と母相の界面が軟鋼のリューダース帯と同様に移動するので，界面が繰り返し移動した回数に比例しマルテンサイト変態応力が減少することによって現れる。

応力速度 $\dot{\sigma}$ が一定の下で負荷・除荷のサブループを受けた場合の応力-ひずみ曲線を**図3.19**に示す[21]。負荷の途中の点 A_i から除荷した場合，点 B_i までひずみは増加する。一方，除荷の途中の点 D_i から再負荷した場合，点 E_i までひずみは減少する。これらの現象はマルテンサイト変態で生じ，変態の進展

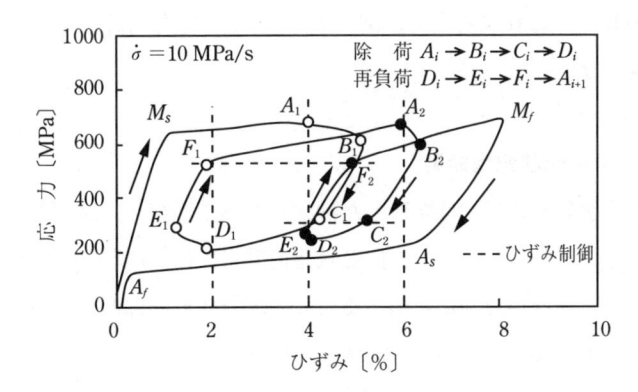

図3.19 応力速度 $10\,\mathrm{MPa/s}$ で負荷・除荷の
サブループを受ける場合の応力-ひずみ曲線
〔戸伏壽昭他：日本機械学会論文集 A, **67**, 661, pp. 1443〜1450（2001）〕

条件から説明できる．すなわち，点 A_i までの負荷過程においては点 M_s からのマルテンサイト変態で温度は上昇する．点 A_i で除荷を開始すると温度上昇は止まり，雰囲気温度に戻るため温度は降下する．この温度降下と応力の減少がマルテンサイト変態の進展条件を満たす範囲内においてはマルテンサイト変態によるひずみが増加する．

同様に，除荷過程において点 C_i から D_i の間で逆変態により温度が降下する．点 D_i で再負荷を開始すると温度降下は止まり，温度は上昇する．このために点 D_i から点 E_i までは逆変態が進展し，ひずみは減少する．このように，温度と応力の変化に基づいてマルテンサイト変態は進展するので，応力一定下でひずみが増加したり，ひずみ一定下で応力が減少する場合が現れる．これらの挙動は見かけ上は粘弾性体で現れるクリープ変形や応力緩和と同じである．ただし，形状記憶合金におけるこれらの擬粘弾性挙動は，温度変化に基づいてマルテンサイト変態で現れることに注意する必要がある．

また，図 3.19 からわかるように，点 A_i から除荷した場合，再負荷での曲線は点 A_i を通らない．一方，ひずみ制御の場合には図 3.18（b）でみられるように再負荷曲線は除荷開始点を通る．再負荷曲線が除荷開始点を通る現象は**回帰記憶効果**（return-point memory effect）と呼ばれており，ひずみ制御

の場合に現れる．これに対して，図3.19のように応力制御の場合には回帰記憶効果は現れない．

3.1.7 二方向形状記憶効果

一方向の形状記憶効果では変形した形状が加熱で回復し，冷却するとその形状は保たれる．これに対し，二方向形状記憶効果では，加熱で形状が回復し，その後の冷却で再び逆方向に変形する．この二方向変形は形状記憶合金素子とバイアス素子とを組み合わせれば容易に現れる[22]．図3.11に示したように回復応力はバイアス素子のばね定数Kに依存して発生する．この場合，加熱により応力の増加に伴いひずみは減少する．加熱のあとに冷却すると応力は減少しひずみは増加する．すなわち，加熱・冷却により応力とひずみは変動する．この場合の応力-ひずみ関係を模式的に図3.20に示す．3.1.4項で検討した一定応力下でのひずみの挙動は$K=0$の場合の二方向ひずみに相当している．繰返し変形によりマルテンサイト変態温度が上昇する場合には，逆変態が完了しなくなるとひずみの変化量は減少する[22]．

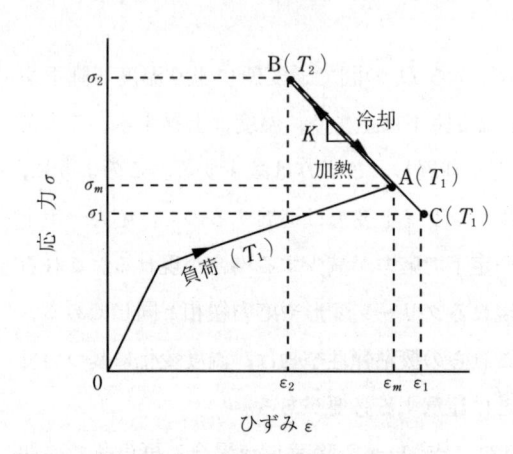

図3.20 バイアス式二方向性素子における応力-ひずみ経路

つぎに，バイアス素子がなく，無応力下の加熱・冷却で二方向変形が現れる場合を考える．これが材料特性としての二方向形状記憶効果である[23]．二方向形状記憶効果が現れるためには，材料の内部に二方向性を発現する機構が必要

である．繰返し変形を受けることにより材料の内部に蓄積される転位はその要因の一つである．繰返し変形で発生した転位に基づき内部応力が生じる．この内部応力は逆変態によりひずみが回復する方向と逆の方向に作用するので，冷却によりひずみは増加する．マルテンサイト変態による繰返し変形を受けたあとに，無応力下での加熱①と冷却②の繰返しを受けた場合のひずみ-温度曲線を図 3.21 に示す[4),12)]．加熱①によりひずみは回復し，その後の冷却②によりひずみは増加する．初期の違いを除けば，繰返しによるひずみ変動幅の変化は小さい．すなわち，繰返し変形に対してほぼ一定の二方向ひずみが得られる．

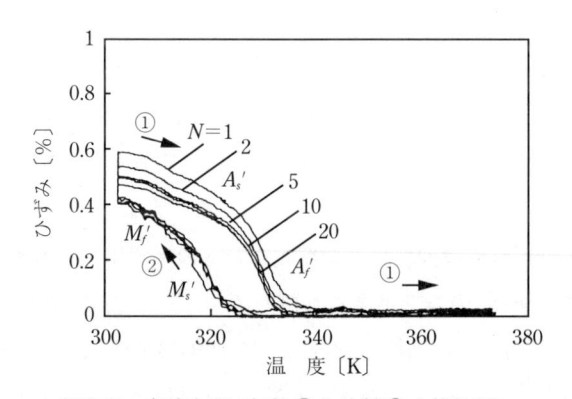

図 3.21 無応力下で加熱①と冷却②を繰り返し
受ける場合のひずみ-温度曲線
〔蜂須賀孝他：日本機械学会論文集 A, **64**, 617, pp. 178～185（1998）〕

3.1.8 コイルばねの変形特性

Ni-Ti 合金コイルばねを熱エンジン（熱エネルギー-機械エネルギー変換機）の駆動素子として用い，繰返し変形特性を調べた[18)]．実験は，所定の繰返し数 N でコイルばねを取り外し，温水における自由状態でのたわみ，および温水中と空気中で最大たわみを与えたときの軸力を測定した．実験で得られたコイルばねの最大たわみに対する回復量の割合 l_r とコイルばねが最大たわみを受けるときのばね素線の表面要素の最大せん断ひずみ γ_{max} との関係を図 3.22 に示す．$\gamma_{max}=4.7\%$ の場合，コイルばねのたわみは 563% である．l_r はコ

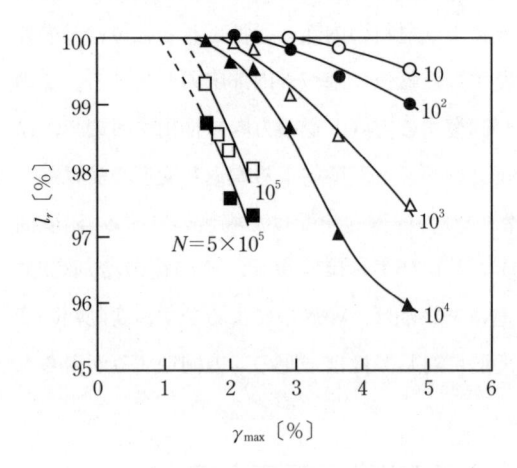

図 3.22 回復伸びと最大せん断ひずみとの関係（$T_p = 673\,\mathrm{K}$）
〔戸伏壽昭他：日本機械学会論文集 A, **59**, 562, pp. 1497〜1504 (1993)〕

イルばねに与える最大たわみに対する加熱により回復するたわみの割合を表す。$\gamma_{max} = 4.7\%$の繰返し変形を 10^4 回受けた場合，l_r は 96% である。したがって，コイルばねでは大きな変形を繰り返し受けてももとの形状に回復する。

つぎに，同じ実験で得られたコイルばねが最大たわみを受けるときの γ_{max} に対するコイルばねに最大たわみを与えたときの温水中での高温時軸力 F_h と空気中での軸力 F_l との差で定まる回復力 $F_r = F_h - F_l$ の関係を**図 3.23** に示す。F_h は高温で得られる回復力を表し，F_r は加熱・冷却の熱サイクル下での有効な回復力を表す。F_h および F_r は $N=1$ 回に比べて $N=10^4$ 回でわずかに

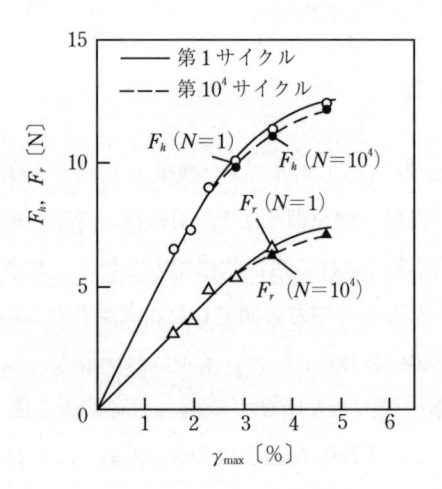

図 3.23 高温時軸力および有効な回復力と最大せん断ひずみとの関係（$T_p = 673\,\mathrm{K}$）
〔戸伏壽昭他：日本機械学会論文集 A, **59**, 562, pp. 1497 〜 1504 (1993)〕

減少するが，その減少量は小さい．コイルばね素線はおもにねじりを受けるので，素線の横断面内では表面近傍でのみマルテンサイト変態が生じ，素線の内部は弾性域である．したがって，繰返し変形による応力の減少はない．このために，繰返しによる F_h と F_r の減少は小さい．したがって，繰返し変形を受けるコイルばねの応用においては，ほぼ一定の回復力が得られる．

3.1.9 熱・力学負荷での変形特性

形状記憶合金を用いた熱エンジンの熱・力学サイクル条件と同様な繰返し条件の実験における応力-ひずみ関係の模式図を**図 3.24** に示す[24),25)]．実験においては低温 T_c で所定のひずみ ε_{max} まで負荷し（A → B），ε_{max} を拘束して温度 T_h の温水で加熱し（B → C），T_c で除荷し（C → D），無応力下で温度 T_c の冷水で冷却する（D → A）．実験で得られた T_h での回復応力 σ_R，非回復ひずみ ε_D および二方向ひずみ $\Delta\varepsilon_T$ の繰返しによる変化をそれぞれ**図 3.25，図 3.26，図 3.27** に示す．図 3.25 からわかるように，ε_{max} が 1％以下では σ_R は繰返し数 N の増加とともに徐々に減少する．ε_{max} が 2〜3％の範囲においては σ_R は N の増加に対してほとんど変化しない．ε_{max} が 4％以上になると σ_R は

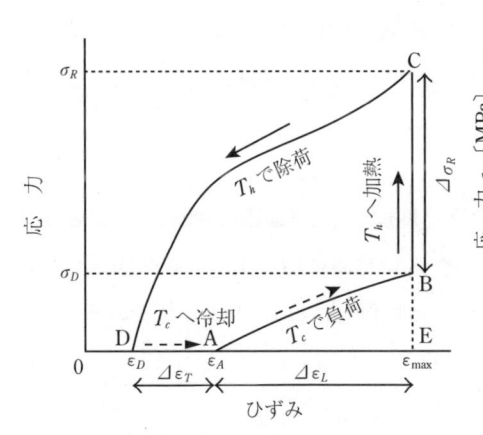

図 3.24 熱・力学サイクル
〔佐久間俊雄，岩田宇一：日本機械学会論文集 A，**63**，610，pp. 1320〜1326（1997）〕

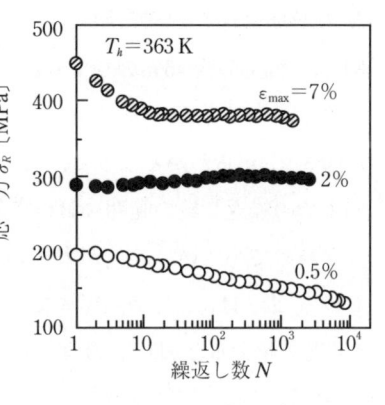

図 3.25 種々の最大ひずみ ε_{max} について繰返し数 N に対する回復応力 σ_R の変化
〔佐久間俊雄他：日本機械学会論文集 A，**66**，644，pp. 748〜754（2000）〕

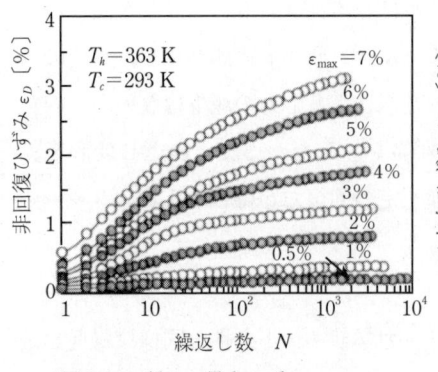

図 3.26 種々の最大ひずみ ε_{max} について繰返し数 N に対する非回復ひずみ ε_D の変化
〔佐久間俊雄,岩田宇一:日本機械学会論文集 A, **63**, 610, pp. 1320～1326 (1997)〕

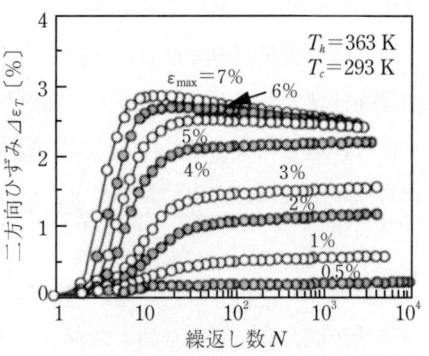

図 3.27 種々の最大ひずみ ε_{max} について繰返しに伴う二方向ひずみ $\Delta\varepsilon_T$ の変化
〔佐久間俊雄,岩田宇一:日本機械学会論文集 A, **63**, 610, pp. 1320～1326 (1997)〕

繰返し初期に大きく低下するが,N が数十回以上になると σ_R の低下量は小さくなる。したがって,ε_{max} が4%を超える場合には,合金に数十回程度の力学的トレーニングを施して使用すれば N に対して安定した σ_R が得られる。

図 3.26 からわかるように非回復ひずみ ε_D は ε_{max} が大きくなるほど増大し,N の増加に伴い一様に増大する。破断繰返し数における ε_D は ε_{max} にほぼ比例し,ε_{max} の約45%のひずみが回復しない。ε_D は加熱温度 T_h に比例して増大する。

図 3.27 からわかるように,冷却で生じた二方向ひずみ $\Delta\varepsilon_T=\varepsilon_A-\varepsilon_D$ は数十回までの繰返し数の範囲において急激に増加し,それ以降の繰返しによる変化はきわめて小さい。ε_{max} が大きいほど ε_D は急激に増加する。破断繰返し数における $\Delta\varepsilon_T$ は,ε_{max} が4%までは ε_{max} に比例し,ε_{max} の約60%である。ε_{max} が5%を超えると $\Delta\varepsilon_T$ はほぼ一定になる。

3.1.10 種々の条件下での変形特性

(1) 特殊環境下での特性 形状記憶合金の応用においては種々の環境あるいは雰囲気の下で使用されるので,おのおのの使用条件における機能特性の

評価は重要である．水素[26]，中性子線，腐食，生体適合性およびキャビテーション壊食の詳細については文献[27]を参照されたい．

水素吸収の影響として，$5\,A/m^2$ までの電解チャージ条件でマルテンサイト晶配列開始応力に変化はみられない．したがって，マルテンサイト晶バリアント再配列には水素の影響は現れない．しかし，図3.28に示すように，ひずみの大きな形状記憶の繰返し変形を受ける場合，回復応力は水素吸収とともに低下する．したがって，この場合には水素と転位の相互作用があるものと考えられる．形状記憶合金を海洋中や生体中で利用する場合には多量の水素の吸収はないと考えられるが，その環境中で形状記憶の繰返し変形を利用する場合には影響の現れる可能性が考えられるので注意する必要がある．

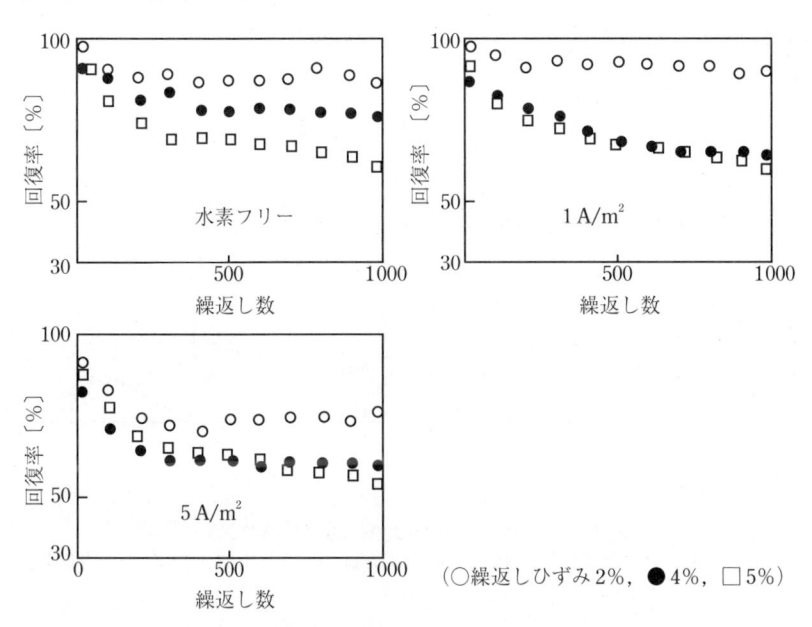

図3.28 形状記憶繰返し試験の回復応力に与える水素の影響
〔浅岡照夫，山下英明：日本機械学会論文集A，**59**，567，pp.2729〜2735（1993）〕

（2）多軸応力下での特性　これまでに実用されている多くの形状記憶合金は熱応答速度の視点から細い線材，薄板およびそれらのばねである．これらの場合には単軸応力下での変形が利用される．マルテンサイト変態が温度およ

び応力の変化に依存して生じること，および応力はテンソルであるので六つの独立な成分があることを考慮すると，マルテンサイト変態は温度と六つの応力成分，合計七つの因子に依存して生じる。したがって，多軸応力下のマルテンサイト変態特性が明らかになれば，3次元の複雑な運動を形状記憶合金素子単独で行うことが可能になる。しかし，多軸応力下でのマルテンサイト変態特性は近年研究が始められたところであり，今後の発展が期待される[28],[29]。多軸応力下の変形は4.1節で詳しく述べる。

引張り（σ, ε）とねじり（τ, γ）を組み合わせた複合負荷を受ける場合の特性を図3.29に示す。図では（a）のひずみ経路を変化させた場合の応力状態を（b）と（c）に示す。図（b）では同じひずみ状態Bに対して，履歴に依存して異なる応力状態B^*とB^{**}が得られる。また，図（c）では引張りひずみ状態$A(\gamma=0)$に対してねじり応力τが生じ，またねじりひずみ状態$C(\varepsilon=0)$に対して軸応力σが生じる。このように変形履歴に依存して複雑な挙動を示す。したがって，多軸応力および温度を組み合わせた履歴，およびその繰返しに対する研究の展開を期待したい。

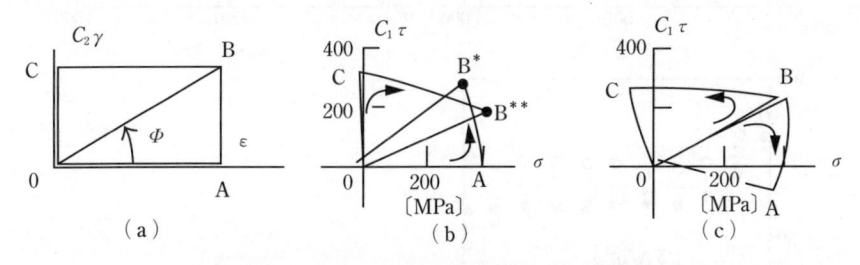

図3.29 温度一定での非比例（複合）負荷試験
〔宮崎修一他編：形状記憶合金の特性と応用展開, pp.104〜112, シーエムシー (2001)〕

3.2 疲労特性

形状記憶合金をアクチュエータ，ロボット，熱エンジンなどの駆動素子として応用する場合，形状記憶合金素子は繰り返し作動する。繰返し作動回数が多くなる記憶素子で最も重要になる問題点は疲労強度である。形状記憶合金では

マルテンサイト変態が生じるために常用金属に比べて非常に大きなひずみが生じる。また，マルテンサイト変態の変形特性は温度に著しく依存し，形状記憶効果と超弾性および多段階の相変態が現れる。これらの理由により常用金属に比べて形状記憶合金の疲労特性は非常に複雑である[30]~[35]。実用化されているおもな形状記憶合金は Ni-Ti 合金と Cu 系合金である。Cu 系合金では結晶粒径が大きく，結晶粒界で応力集中が生じ，粒界破壊が生じやすい。このために疲労強度が低い。これに対して，Ni-Ti 合金では結晶粒径が小さく，疲労損傷が生じにくく，疲労強度が高い。本節ではおもに Ni-Ti 合金の疲労特性について述べる。

3.2.1 疲労寿命

原子力分野で新規な材料として注目されている Ni-Ti-Nb 形状記憶合金の疲労試験で得られた応力振幅と破断繰返し数との関係を図 3.30 に示す[36]。疲労試験は引張圧縮の応力制御で行った。実験は，応力比 $R=\sigma_{min}/\sigma_{max}$ と温度が異なる場合について，大気中と純水中で行った。図（a）からわかるように，空気中で室温の場合には応力比によらず S-N 曲線の折れ曲がり点が 10^5 回程度にあり，疲労限度が明確に現れる。一方，図（b）と（c）の結果では空気中と水中で高温の場合には S-N 曲線の勾配が緩やかになり，折れ曲がり点が高サイクル側に移る傾向である。

疲労限度（繰返し数 10^7 回疲労強度）は応力比 R の増加に伴って低下する。応力比の効果は平均応力の影響として評価されている。疲労強度に及ぼす平均応力の影響を図 3.31 に示す。修正 Goodman 線図では非保守的な評価となる。このために，つぎの式が提案されている。

$$\left(\frac{\sigma_a}{\sigma_a^*}\right)^m + \left(\frac{\sigma_m}{\sigma_B}\right)^m = 1 \qquad (3.1)$$

ここで，σ_a は応力振幅，σ_a^* は $R=-1$ における応力振幅，σ_m は平均応力，σ_B は引張強さ，m は係数である。実験データのベストフィットカーブは $m=3/4$，データの下限包絡曲線は $m=2/3$ である。したがって，式（3.1）を用い

48　3. 形状記憶合金の繰返し特性と疲労

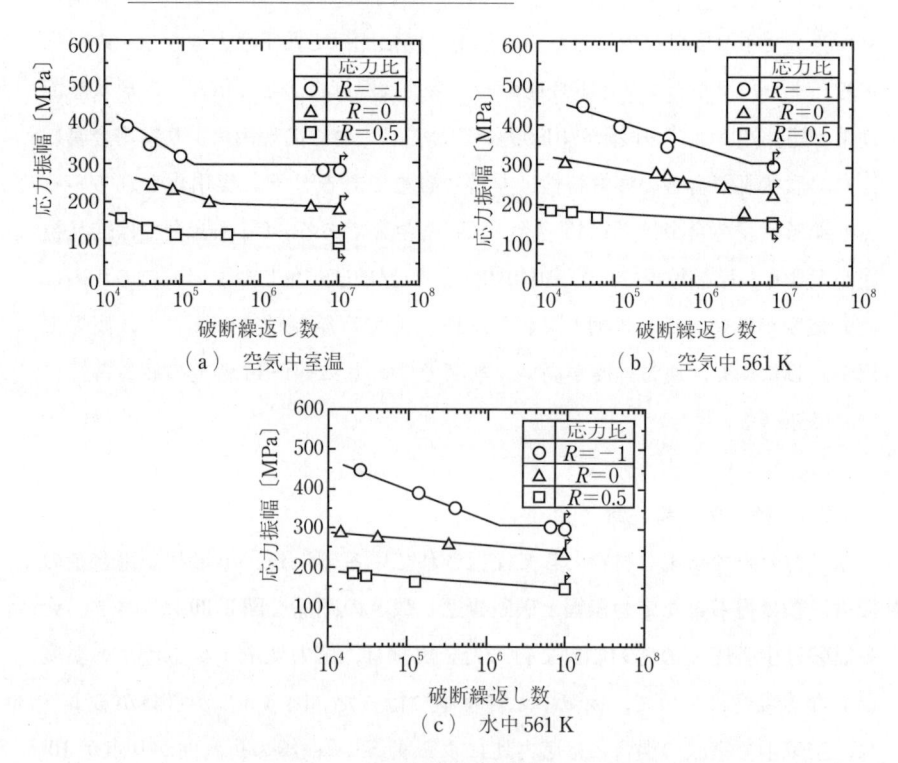

(a) 空気中室温

(b) 空気中 561 K

(c) 水中 561 K

図 3.30 Ni-Ti-Nb 形状記憶合金の疲労試験結果
〔服部成雄他：日本機械学会講演論文集，No. 00-3, pp. 185〜190 (2000)〕

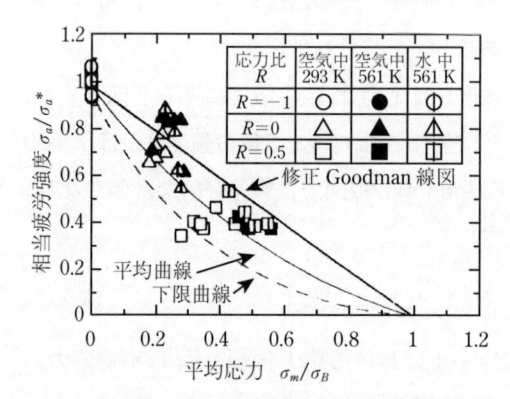

図 3.31 Ni-Ti-Nb 形状記憶合金の疲労強度評価曲線

〔服部成雄他：日本機械学会講演論文集，No. 00-3, pp. 185〜190 (2000)〕

て $m=2/3$ とすれば引張平均応力下の疲労強度を保守的に評価できる。

つぎに，図 3.30 からわかるように，すべての応力比において，疲労強度は室温大気中より高温のほうが高い。室温での疲労強度に比べて高温での疲労強度は約 1.2 倍高い。室温（293 K）よりも高温（561 K）における疲労強度が高くなった理由としては，縦弾性係数の差，すなわち縦弾性係数が約 70 GPa（213 K）から約 90 GPa（673 K）へ温度に比例して増加することがおもな要因であると考えられる。

3.2.2 回転曲げ疲労

（1）基本的な疲労特性　Ni-Ti 形状記憶合金線材の回転曲げ疲労試験[37)~39)]により得られた疲労寿命曲線を**図 3.32** に示す。図は一定の繰返し速度 500 cpm (cycle/min) について，種々の温度 T における空気中（a）および水中（b）での実験結果である。図からわかるように，いずれの場合にもひずみ振幅が大きく，温度が高いほど疲労寿命は短い。また，ひずみ振幅

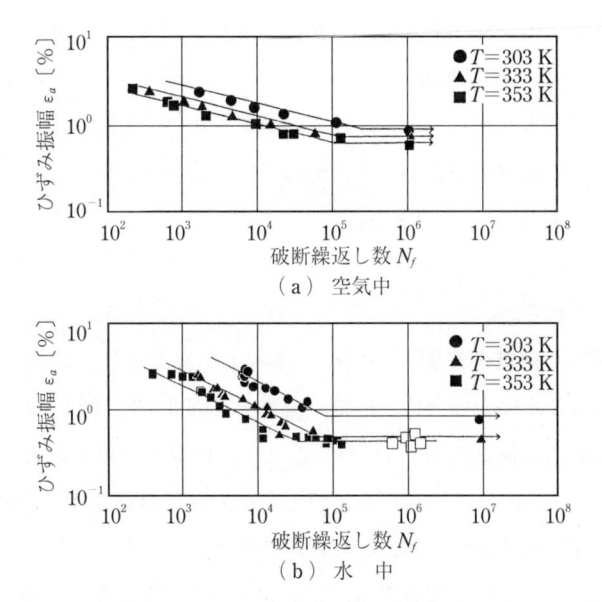

図 3.32　温度が異なる場合のひずみ振幅-疲労寿命曲線
〔橋本隆弘他：日本機械学会論文集 A，**64**，626，pp. 2548～2554（1998）〕

$\varepsilon_a=0.4\sim0.8\%$,破断繰返し数 $N_f=5\times10^4\sim2\times10^5$ の範囲において ε_a-N_f 曲線には明瞭な折れ曲がり点が現れる。疲労寿命曲線は低サイクル域ではほぼ傾き一定の直線で表され,高サイクル域では水平になる。水平になるひずみ振幅は疲労限に対応しており,この値の範囲はR相変態域にある。したがって,R相変態域では疲労寿命が長く,疲労特性に優れている。これは,R相変態に伴うひずみは小さく,疲労損傷が非常に小さいことによる。

　低サイクル域における疲労寿命曲線の傾きは空気中で約0.24,水中では約0.5である。空気中と水中での疲労寿命曲線の傾きの違いはつぎの理由により生じる。ひずみ振幅が1%を超えると線材の表面要素ではマルテンサイト変態が生じる。マルテンサイト変態に伴う応力-ひずみ曲線は負荷・除荷で大きなヒステリシスループを描く。このヒステリシスループに囲まれた応力-ひずみ曲線の面積は単位体積当りの散逸仕事を表す。散逸されるエネルギーはおもに熱となって失われるので,空気中では繰返し変形により線材の温度は上昇する。マルテンサイト変態応力は温度に比例して増加するので,発熱による温度上昇によりマルテンサイト変態応力が高くなり,疲労損傷が大きくなる。散逸仕事は ε_a に比例して増加する。したがって,ε_a が大きいほど温度上昇は大きく,疲労寿命は短くなり,ε_a-N_f 曲線の傾きは小さくなる。

　一方,水中では熱伝達率が高く,熱は水中へ容易に拡散される。このために水中の温度上昇は小さい。水中での ε_a-N_f 曲線の傾きが約0.5であり,常用金属における値と同じになるのは,このように温度上昇の効果が小さいためであると考えられる。

（2）**繰返し速度の影響**　　繰返し速度 f が異なる場合の疲労寿命曲線を空気中の場合と水中の場合について,それぞれ図3.33と図3.34に示す。

　空気中の場合の図3.33からわかるように,繰返し速度 f が高いほど疲労寿命は短くなる。いずれの場合にも,疲労寿命曲線はほぼ直線で表され,f が大きいほど曲線の傾きは小さい。これらの特性は,f が大きいほど線材の温度上昇が大きく,このために疲労寿命が短くなるために生じる。しかしながら,ε_a が小さくなるに伴い疲労寿命 N_f に対する繰返し速度 f の影響は小さくなる。

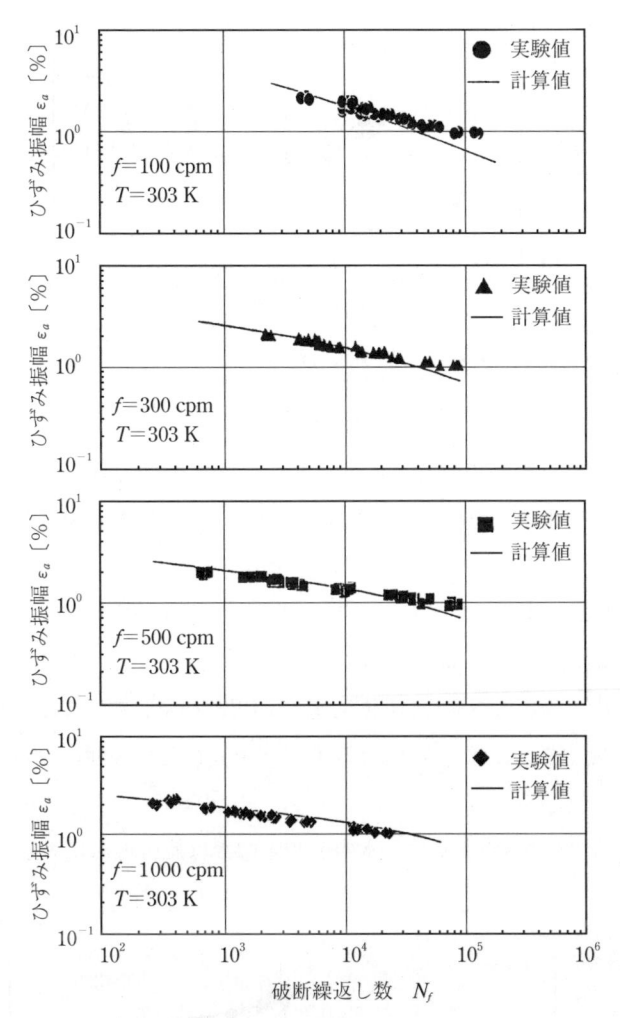

図 3.33 空気中で繰返し速度 f が異なる場合の
ひずみ振幅-疲労寿命曲線
〔橋本隆弘他：日本機械学会論文集 A, **64**, 626, pp. 2548～2554（1998）〕

したがって，疲労限のひずみ振幅に対する f の影響は小さいものと推定される。

一方，図 3.34 からわかるように，水中の場合には，f の違いによる N_f の違いは明瞭には現れず，疲労寿命曲線はほぼ重なる。これは，空気中（図

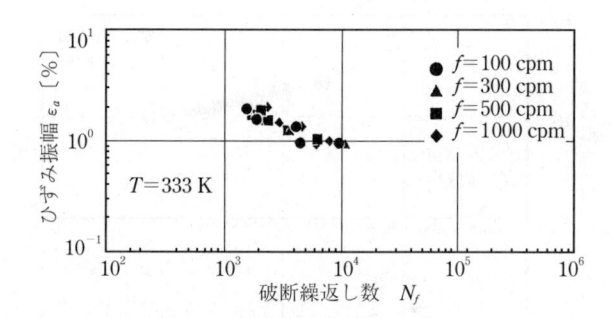

図3.34 水中で繰返し速度 f が異なる場合の
ひずみ振幅-疲労寿命曲線
〔橋本隆弘他：日本機械学会論文集 A, **64**, 626, pp. 2548〜2554（1998）〕

3.33）においては線材の温度上昇が大きく，N_f に対する影響が顕著に現れるのに対して，水中では線材の温度上昇が小さく，f の影響が現れないことによる．

（3）雰囲気の影響　水中およびシリコーンオイル中での疲労試験で得られた疲労寿命曲線を**図3.35**に示す．図からわかるように，水中およびシリコーンオイル中での疲労寿命には明確な差異が現れない．水中では腐食の影響で疲労寿命が短くなると考えられるが，低サイクル疲労の範囲においてはその影響は現れない．

一方，図3.32でみたように，水中と空気中では疲労寿命に大きな違いが現

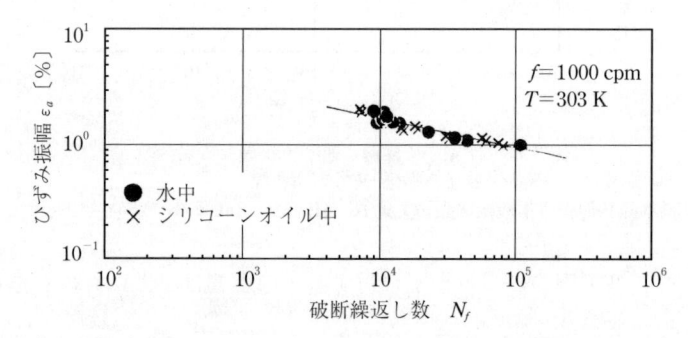

図3.35 水中とシリコーンオイル中でのひずみ振幅-疲労
寿命曲線
〔橋本隆弘他：日本機械学会論文集 A, **64**, 626, pp. 2548〜2554（1998）〕

れる。これは，気体に比べて液体では熱伝達率が大きく，温度上昇が小さく[40]，液体の種類による影響が明瞭に現れないことによる。したがって，形状記憶合金の使用雰囲気が気体の場合には繰返しに伴う線材の温度上昇による疲労寿命への影響に注意する必要がある。

（**4**）　**繰返し変形による温度上昇**　　空気中における疲労試験で得られた線材の温度上昇を**図3.36**に示す。図はひずみ振幅 $\varepsilon_a = 1.54\%$ で繰返し速度 f が異なる場合の温度上昇 ΔT と経過時間との関係を示す。線材の温度は初期の20〜30秒で大きく上昇し，その後は一定値に飽和する。繰返しの初期においてはマルテンサイト変態に伴う発熱で温度は上昇する。一定時間経過すると線

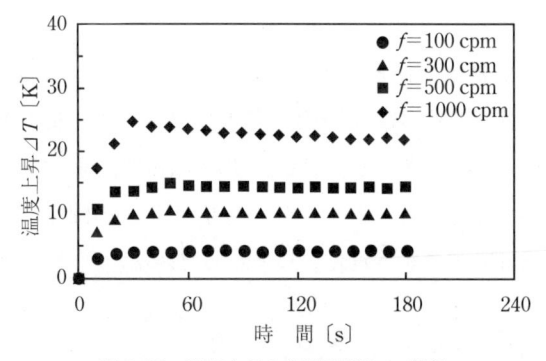

図3.36　温度上昇と経過時間との関係
〔橋本隆弘他：日本機械学会論文集A，**64**，626，pp.2548〜2554（1998）〕

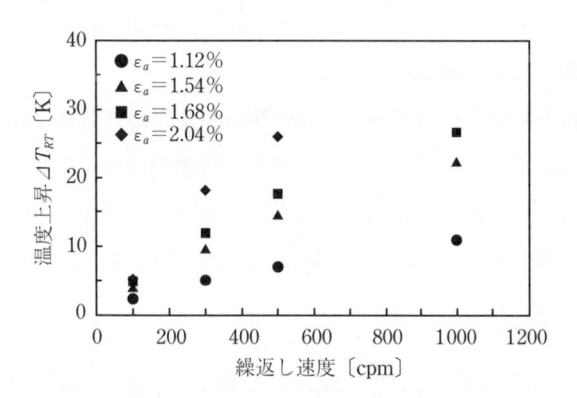

図3.37　飽和した温度上昇と繰返し速度の関係
〔橋本隆弘他：日本機械学会論文集A，**64**，626，pp.2548〜2554（1998）〕

材内部の発熱と空気中への放熱とが釣り合うために温度は一定値に飽和する。

各実験において飽和した温度上昇と繰返し速度との関係を図 3.37 に示す。

図は種々のひずみ振幅 ε_a に関する温度上昇を示す。繰返し速度が高いほど，またひずみ振幅が大きいほど温度上昇は大きい。繰返し速度が高くなるに従い温度上昇の割合は小さくなる。

(5) 低サイクル疲労寿命の定式化

(a) 疲労寿命特性　低サイクル疲労域での疲労寿命曲線は両対数グラフでほぼ直線で表される。したがって，ひずみ振幅 ε_a と破断繰返し数 N_f との関係はべき関数で表される。

$$\varepsilon_a \cdot N_f^\beta = \alpha \tag{3.2}$$

ここで，α および β はそれぞれ $N_f=1$ での ε_a の値および $\log \varepsilon_a$-$\log N_f$ 曲線の傾きを表す。式 (3.2) は常用金属の低サイクル疲労を表す Manson-Coffin 則と類似の関係である。水中での β はいずれの温度に関しても約 0.5 である。

(b) 温度への依存性　水中での α と温度 T との関係を片対数グラフで整理すると，ほぼ直線で表される。したがって，α と T との関係はつぎの式で表される。

$$\alpha = \alpha_s \cdot 10^{-a(T-M_s)} \tag{3.3}$$

ここで，M_s はマルテンサイト変態の開始温度を表し，α_s は $T=M_s$ における α の値である。Ni-Ti 合金について，$\alpha_s=8.56$，$a=0.012\,\mathrm{K}^{-1}$ である。

(c) 空気中での温度上昇　応力-ひずみ曲線のヒステリシスループの囲む面積，すなわち単位体積当りの散逸仕事はひずみ速度およびひずみ振幅に依存する。繰返し変形を受ける場合，空気中では散逸仕事に基づいて温度は上昇する。室温における温度変化 ΔT_{RT} と繰返し速度 f の関係は，両対数グラフにおいて直線で表される。したがって，ΔT_{RT} はつぎの式で表される。

$$\Delta T_{RT} = \left(\frac{f}{f_0}\right)^b \tag{3.4}$$

ここで，b は直線の傾きを表す。傾き b はひずみ振幅 ε_a の対数に比例する。したがって，室温における温度上昇はつぎの式で表される。

$$\varDelta T_{RT} = \left(\frac{f}{f_0}\right)^{c\log(\varepsilon_a/\varepsilon_t)} \tag{3.5}$$

つぎに，任意の温度における温度上昇 $\varDelta T$ を求める．温度上昇は負荷・除荷における散逸仕事 W_d に基づいて現れる．$T_l = 320\,\mathrm{K}$ 以上の温度において，$\log W_d$ は温度に比例して減少する．室温を含む温度範囲における W_d を 1 とし，320 K 以上の温度 T における W_d の減少割合を r で表すと，r はつぎの式で表される．

$$r = 10^{-h(T-T_l)} \tag{3.6}$$

したがって，任意の温度 T における温度上昇 $\varDelta T$ は，つぎの式で表される．

$$\varDelta T = \left(\frac{f}{f_0}\right)^{c\log(\varepsilon_a/\varepsilon_t)} \times 10^{-h(T-T_l)} \tag{3.7}$$

空気中での任意の温度 T における疲労寿命を表す関係式は

$$\varepsilon_a \cdot N_f^\beta = \alpha_s \times 10^{-a(T+\varDelta T-M_s)} \tag{3.8}$$

となる．

（d）　計算結果　　水中で温度が異なる場合の疲労寿命曲線を図 3.38 に示す．また，空気中で温度が異なる場合の疲労寿命曲線を図 3.39 に示す．同様に，空気中で繰返し速度が異なる場合の関係を図 3.33 に示す．いずれの図においても計算結果は実線で表す．各図における実験結果と計算結果の比較からわかるように，計算結果は実験結果と一致している．したがって，提案された関係式により低サイクル疲労寿命はうまく表される．

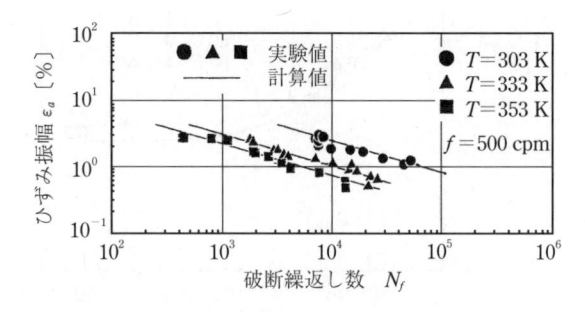

図 3.38　温度が異なる場合の水中でのひずみ振幅-疲労寿命曲線
〔橋本隆弘他：日本機械学会論文集 A，**64**，626，pp. 2548～2554（1998）〕

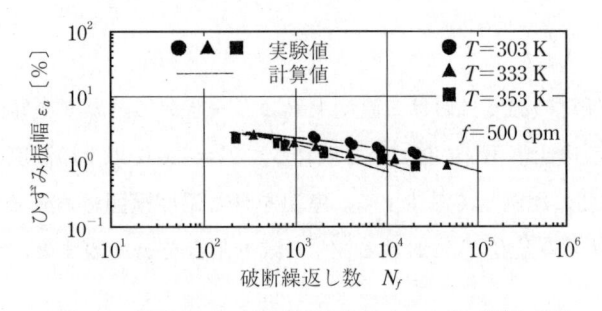

図3.39 温度が異なる場合の空気中でのひずみ振幅-疲労寿命曲線
〔橋本隆弘他：日本機械学会論文集 A，**64**，626，pp.2548〜2554（1998）〕

3.2.3　コイルばねの疲労

コイルばねの疲労特性の実験として，Ni–Ti 合金コイルばねの定ひずみ繰返し引張変形試験が行われた[41]。この実験では，最小伸びの直前に冷水シャワーを噴射して冷水中で引き伸ばし，最大伸びに達する直前に温水シャワーを噴射して形状回復させ，これを繰り返した。温水温度 T_h は 60℃ と 80℃ であり，冷水温度 T_c は約 15℃ であった。

実験で得られた最大主ひずみ $\varepsilon_{1\max}$ と破断繰返し数 N_f との関係を**図 3.40** に示す。また，最大主応力 $\sigma_{1\max}$ と N_f との関係を**図 3.41** に示す。コイルばねのひずみを求める場合，コイルばねの大変形では，コイルの平均径および素

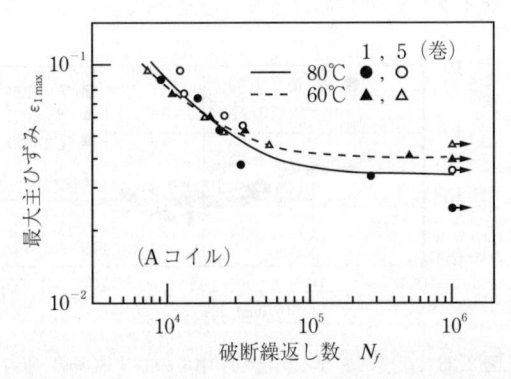

図3.40 コイルばねの最大主ひずみと破断繰返し数の関係
〔三田俊裕他：日本機械学会論文集 A，**64**，618，pp.278〜283（1998）〕

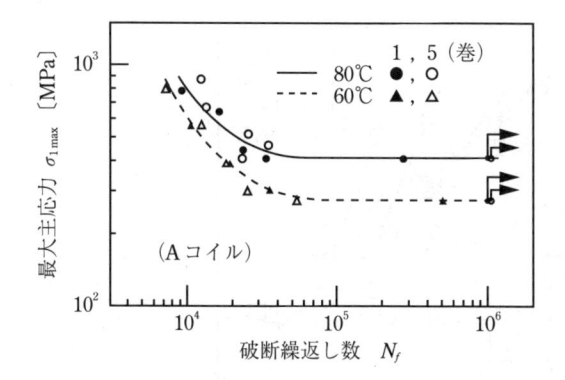

図3.41 コイルばねの最大主応力と破断繰返し数の関係
〔三田俊裕他：日本機械学会論文集 A, **64**, 618, pp. 278～283 (1998)〕

線のねじれ角の変化を考慮する必要がある。図3.40からわかるように，$T_h=60℃$のほうが$T_h=80℃$よりわずかに疲労限が高い。また，有効巻数の違いによる疲労寿命の差はほとんどない。一方，図3.41からわかるように，$T_h=80℃$のほうが$T_h=60℃$よりも疲労限が高く，図3.40とは逆の傾向にある。温度の高いほうが疲労限が高いのは，図3.30で示した引張圧縮の場合と同じである。

疲労き裂はコイルばねの内側に発生し，進展する。疲労限とみなしたコイルばねの内側表面に停留き裂が確認された。したがって，コイルばねの疲労限は，き裂発生限界ではなく，き裂進展限界である。

3.2.4 熱・力学的サイクル疲労

形状記憶合金をアクチュエータや熱エンジンなどの駆動素子として用いる場合には，負荷経路は低温で変形を受け，高温で回復応力を発生した後に形状を回復することが多い。本項では，Ni–Ti–Cu 合金について加熱・冷却と負荷・徐荷の熱・力学サイクルを繰り返した場合の疲労寿命に及ぼす加熱温度とひずみの影響およびこれらの影響を統一的に評価する整理方法について述べる[42]。

加熱で発生する回復応力 σ_R の破断に至るまでの平均の応力 $\bar{\sigma}_R$ と疲労寿命 N_f との関係を**図3.42**に示す。図からわかるように，最大ひずみ ε_{max} が4～7%の高ひずみ範囲において加熱温度 T_h の影響が現れ，T_h が低いほど長寿命

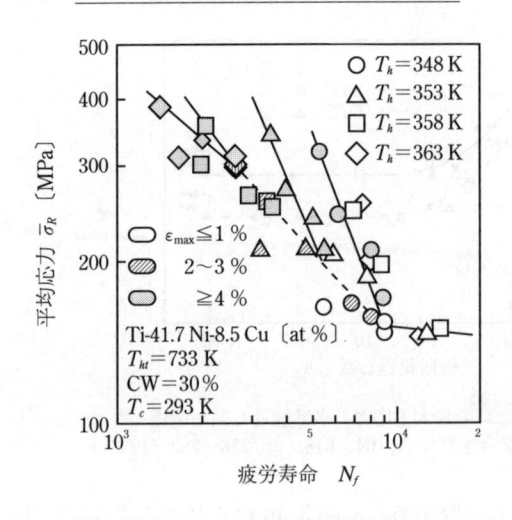

図3.42 熱・力学サイクルを繰り返した場合の平均応力と疲労寿命の関係

〔佐久間俊雄他：日本機械学会論文集 A, **66**, 644, pp. 748〜754 (2000)〕

となる。ε_{max} が2〜3％の範囲ではマルテンサイト相の再配列による変形であるため，応力はひずみに対してほとんど変化しない。このため，ε_{max} が3％以下の範囲では，加熱温度 T_h の疲労寿命に対する影響は明瞭には現れない。

疲労寿命と非回復ひずみとの関係を**図3.43**に示す。図からわかるように，最大ひずみ ε_{max} が4％を超える範囲，2〜3％の範囲および1％以下の範囲で特

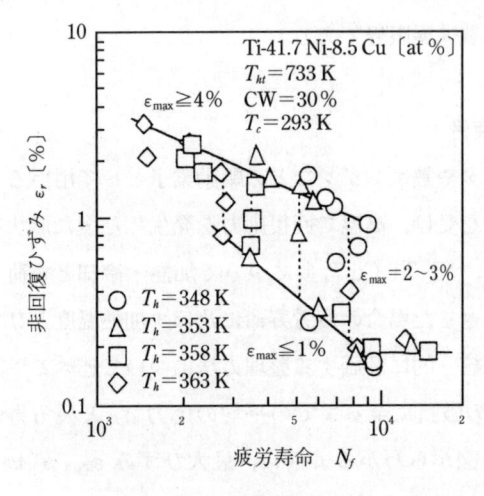

図3.43 熱・力学サイクルを繰り返した場合の非回復ひずみと疲労寿命の関係

〔佐久間俊雄他：日本機械学会論文集 A, **66**, 644, pp. 748〜754 (2000)〕

性が異なる．ε_{max} が 4% を超える範囲における直線の傾きは約 0.5 であり，一般金属の低サイクル疲労の傾きとほぼ等しい．この範囲ではすべり変形が疲労損傷のおもな原因と考えられる．ε_{max} が 1% 以下ではほぼ比例限内の変形であり，非回復ひずみが約 0.2% で疲労限と考えられる．ε_{max} が 2〜3% の範囲では，一定の加熱温度 T_h に関しては非回復ひずみが変化しても疲労寿命にはほとんど影響しない．図 3.42 の応力-寿命関係では現れなかった T_h の影響が明瞭に現れ，T_h が高いほど疲労寿命は短い．

1 サイクル当りの散逸ひずみエネルギー $\Delta \bar{E}_R$ と疲労寿命との関係を**図 3.44** に示す．ここで，$\Delta \bar{E}_R$ は回復ひずみエネルギーの 1 サイクル当りの減少量を表す．図からわかるように，疲労寿命に対する最大ひずみ ε_{max} と，加熱温度 T_h の両方の影響を考慮した統一的な整理が行える．低寿命である ε_{max} が 4% を超えるすべり変形による疲労損傷域と，長寿命である ε_{max} が 4% 未満の変態・逆変態に伴う疲労損傷域とに分けられる．

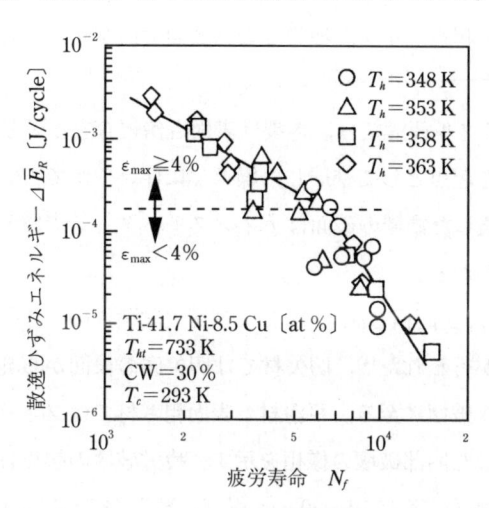

図 3.44 散逸ひずみエネルギーによる疲労寿命の評価
〔佐久間俊雄他：日本機械学会論文集 A, **66**, 644, pp. 748〜754 (2000)〕

3.2.5 疲労き裂の発生と進展

Ni-Ti 合金線材の片振り曲げ疲労試験により得られた破断面の電子顕微鏡写真を**図 3.45** に示す[43]．破断面は，疲労き裂が繰返し変形により安定に成長

図 3.45 片振り曲げ疲労試験により得られた
破断面の SEM 写真
〔戸伏壽昭他:日本機械学会論文集 A, **69**, 678, pp. 420〜426(2003)〕

した貝殻模様の**領域**(stable)と**最終破断した領域**(unstable)の二つに分けられる。図中の矢印はき裂の発生起点を示す。疲労き裂は表面近傍を起点として進展する。

Ni-Ti-Cu 合金の熱・力学サイクル疲労では,き裂は表面近傍に存在する初期欠陥あるいは腐食ピットなどを起点として進展し,繰返しに伴いやがて不安定破壊する[42]。最終の不安定破壊した領域の破面はディンプルパターンで覆われており,延性破壊したことがわかる。

Ni-Ti-Nb 系合金の平滑試験片,表面粗さ試験片,および切欠試験片の3種類について軸荷重制御の疲労試験が行われた[44]。切欠材では切欠底の表面から発生した表面き裂が内部に進展して破壊に至る。平滑材と表面粗さ材ではフィッシュアイを伴う介在物を起点とした内部破壊の様相を示す。疲労破壊の起点はTi リッチの硬くてもろい析出物(長径が 10〜20 μm 程度,短径が 7〜15 μm 程度のだ円形状)である。材料の製造法の改善などにより Ti リッチ析出物の抑制が可能になれば,疲労強度を向上できると考えられる。機械加工によって表面粗さを 50 μm 以下に向上させても,疲労強度はそれ以上には上昇しない。

Ni-Ti 合金の疲労き裂進展を調べるために,**CT**(compact tension)試験片

を用いて,種々の温度と応力比について疲労試験が行われた[45]。応力比 $R=0.1$ の場合についてすべての実験温度におけるき裂進展速度 da/dn と応力拡大係数幅 ΔK との関係を両対数グラフで図3.46 に示す。図に示すように,いずれの温度に関しても ΔK の大きい範囲ではほぼ直線で表される。したがって,この範囲においては Paris のべき乗則

$$\frac{da}{dn} = C(\Delta K)^m \tag{3.9}$$

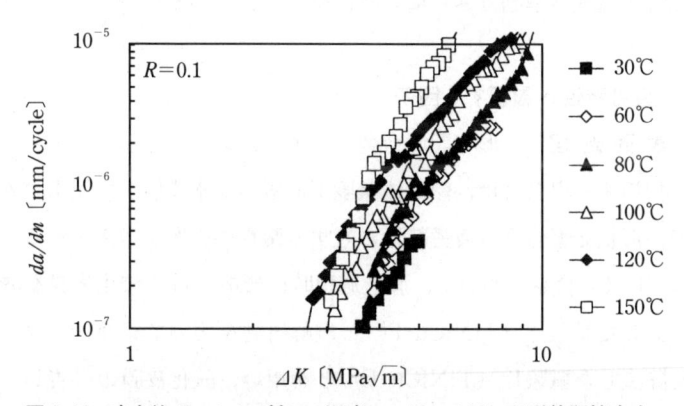

図3.46 応力比 $R=0.1$ で種々の温度におけるNi-Ti形状記憶合金の疲労き裂進展速度 da/dn と応力拡大係数幅 ΔK との関係
〔R. L. Holtz et al.：International Journal of Fatigue, 21, pp. S 137〜S 145 (1999)〕

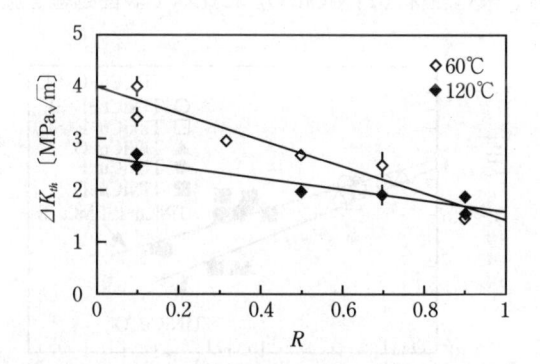

図3.47 60℃と120℃(それぞれ安定なマルテンサイト相と応力誘起マルテンサイト変態の領域の挙動を代表する)に関する下限界応力拡大係数幅と応力比の関係
〔R. L. Holtz et al.：International Journal of Fatigue, 21, pp. S 137〜S 145 (1999)〕

が成立する。温度が高いほうが同一の $\varDelta K$ に対するき裂進展速度は大きい。き裂進展の下限界値はすべて $\varDelta K=3\,\mathrm{MPa}\sqrt{\mathrm{m}}$ の近傍に現れる。疲労き裂進展の下限界応力拡大係数幅 $\varDelta K_{th}$ と応力比 $R=\sigma_{\min}/\sigma_{\max}$ との関係を図3.47に示す。図からわかるように，R が大きくなると下限界値 $\varDelta K_{th}$ は減少し，両者の関係はほぼ直線で表される。いずれの温度に関しても $R=1.0$ で $\varDelta K_{th}$ はほぼ同じ値になる。60℃での直線の傾きは120℃での傾きの約2倍である。Ni-Ti 合金の疲労き裂進展挙動はさらに詳細に検討されている[46]。

3.2.6 疲労特性へ影響する因子

（1）表面処理　形状記憶合金を熱エンジンなどの熱エネルギー変換素子として利用する場合には，熱媒体環境下あるいは水環境下で使用することが多いので，形状記憶合金の疲労特性に対する腐食の影響が考えられる。このために，Ni-Ti-Cu 合金について，製造過程時に形成される酸化皮膜を酸洗いを用いて除去した試験片（TiNiCu-P）と電解研磨を用いて鏡面状になるまで酸化皮膜を除去した試験片（TiNiCu-E）とを用い，酸化皮膜の付着している試験片（TiNiCu-O）の3種類について疲労特性を調べた[47]。温水中の実験で得られた S-N 曲線を図3.48に示す。図からわかるように，S-N 曲線は右下がりの直線となる。未処理材（TiNiCu-O）に比べて表面処理を施した材料の疲

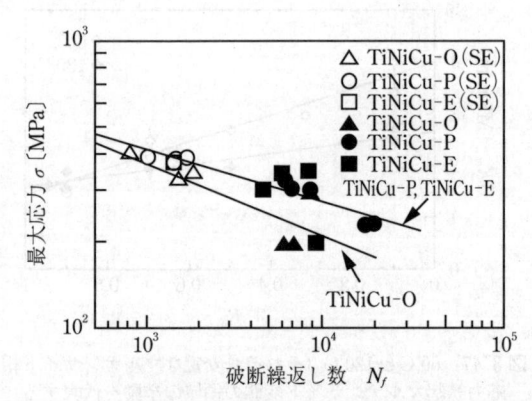

図3.48　Ti-Ni-Cu 形状記憶合金の S-N 曲線：298 K ↔ 363 K
〔木村雄二他：日本機械学会講演論文集，No. 00-3, pp. 181〜184（2000）〕

労寿命曲線は長寿命領域で高応力側に位置する。すなわち，表面処理により耐食性の改善が疲労寿命の改善に寄与する。これは，耐食性の改善ならびに表面処理により表面欠陥などが除去されたことの両者の要因によるものと考えられる。

(2) **ショットピーニング**　材料の疲労強度を向上させる方法に表面を加工硬化させる方法がある。その一つとしてショットピーニングがある。ショットピーニングでは微小な粒子を高速で材料に投射し，材料の表層部を加工硬化させる。形状記憶合金のコイルばねにショットピーニングを施して疲労試験を行った結果を図 3.49 に示す[48]。図ではコイルばね素線表面の最大せん断ひずみ範囲と破断繰返し数との関係を示す。ショットピーニングを施さなかった試験片と比較して，ショットピーニングを施した試験片の疲労強度は向上している。

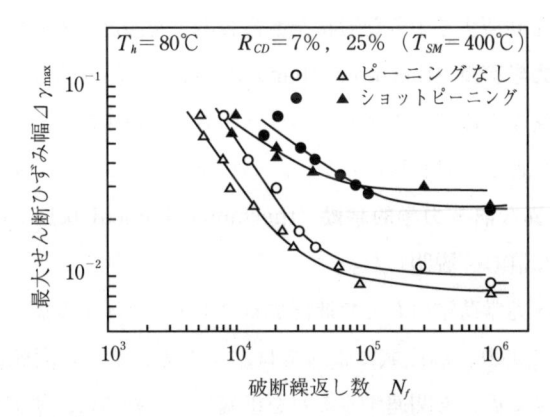

図 3.49　ショットピーニング処理形状記憶合金コイルばねの疲労寿命曲線
〔三角正明，三田俊裕：コイルばねの疲労，宮崎修一他編，形状記憶合金の特性と応用展開，pp. 47〜53，シーエムシー (2001)〕

(3) **その他の因子**　疲労寿命に影響する因子としては合金組成，結晶粒径，内部組織，加工条件，形状記憶熱処理条件，形状記憶合金の使用条件，使用環境などがある[30]〜[35]。疲労寿命は繰り返し作動する形状記憶合金素子に関しては使用上最も重要な課題である。したがって，形状記憶合金の疲労寿命を理解し，疲労寿命の改善および疲労強度の向上を図ることが大切である。これらの点に関する研究の展開が期待される。

4 形状記憶合金の熱・力学とモデリング

4.1 熱・力学的挙動のモデリング

　所定の機能を発揮するような形状記憶合金素子を設計するためには，形状記憶合金が**熱・力学荷重**（thermomechanical load，材料外部から加えられる熱および外荷重をまとめてこのようにいう）のもとで巨視的にどのように挙動するかを正確に把握しなければならない。形状記憶合金が示す，通常の金属材料とは違った特異な**熱・力学的挙動**（thermomechanical behavior）については，前章までに詳しく説明した。

　現象は，熱・力学荷重のもとで進行するマルテンサイト変態とその逆変態に起因したものであり，温度域によっては，マルテンサイト変態に先行するR相変態とその逆変態にも関連することを指摘した。むろん，すでに説明したマルテンサイト相あるいはR相バリアントの再配列，マルテンサイト相が別のマルテンサイト相に変態する過程なども形状記憶合金の熱・力学的挙動に大きな影響を及ぼす。

　すなわち，形状記憶合金の巨視的挙動をモデリングするためには，材料内で進行する微視的現象である変態とそれに伴う巨視的変形を統一的に記述できるような理論体系を**連続体熱・力学**（continuum thermomechanics）[1]の立場から確立しなければならない。したがって，力学的量（変位，ひずみ，応力，…）と熱力学的量（温度，エントロピー，…）に加えて，金属学的量（相体積分率，…）も考察対象となり，力学-熱力学-金属学にまたがる総合的な議論を

行うことになる.上にあげた物理量間の関係式(連続体熱・力学では**構成式**(constitutive equation)と呼ぶ)を構築すること,それらをもとに初期/境界値問題を定式化して解を求めることが直接の目的である.

形状記憶合金を含めた変態する材料の熱・力学的挙動について考察する研究分野を**変態熱・力学**(transformation thermomechanics)[2]と呼ぶ.ここで説明するような固体-固体間の変態にとどまらず,溶解や凝固などの固体-液体間の変態も重要な研究対象となっている.複雑な金属学的過程である変態現象をどのようにモデル化して連続体熱・力学体系に取り込むかが難しい点である.

ここでは説明を簡単にするために,マルテンサイト変態と逆変態に考察対象を限り,これらの変態に起因する形状記憶合金の熱・力的挙動を記述するモデリング手法について,主として単軸応力下の場合を例にとって解説する.より詳細な議論と関連する文献については,解説文献[3]~[6]を参照のこと.

4.1.1 形状記憶合金のモデリング-1

形状記憶合金を熱弾性体とみなし,マルテンサイト変態/逆変態の進行をマルテンサイト相体積分率 $\xi(0 \leq \xi \leq 1)$ を使って測ることができると考えると,材料内の各点に発生する応力 σ とひずみ ε の間の関係を与える力学的構成式は

$$\dot{\sigma} = C\dot{\varepsilon} + H\dot{T} + \Omega\dot{\xi} \tag{4.1}$$

となる[7],[8].ただし,式中の T は温度であり,文字の上のドットは時間微分(正確には物質微分)を表す.式(4.1)は,速度の次元をもつ量 $\dot{\sigma}$,$\dot{\varepsilon}$,$\dot{T}$,$\dot{\xi}$ の間の関係式であるので,速度型構成式と呼ばれる.ξ は,連続体熱・力学における**内部変数**(internal variable)に対応していることも指摘しておこう.式(4.1)を変形すると

$$\dot{\sigma} = C\left[\dot{\varepsilon} + \left(\frac{H}{C}\right)\dot{T} + \left(\frac{\Omega}{C}\right)\dot{\xi}\right] \tag{4.2}$$

となる.これを,通常の熱弾性理論の構成式

$$\dot{\sigma} = C\left[\dot{\varepsilon} + \left(\frac{H}{C}\right)\dot{T}\right] \tag{4.3}$$

と比較すると，ひずみ速度項 $(\Omega/C)\dot{\xi}$ が変態に起因するものであり，材料定数 Ω/C は変態による最大回復ひずみであることがわかる．また，C と $-H/C$ はそれぞれ弾性定数と熱膨張係数である．簡単に扱うためには，これらの材料定数を，母相（オーステナイト相）とマルテンサイト相の材料定数にそれぞれ添字 A，M を付けて表すことにして

$$C = (1-\xi)C_A + \xi C_M, \qquad \frac{H}{C} = (1-\xi)\left(\frac{H}{C}\right)_A + \xi\left(\frac{H}{C}\right)_M \tag{4.4}$$

によって評価することができる．この点については，4.2節でさらに詳しく触れる．

　形状記憶合金の挙動を式（4.1）によって規定するためには，マルテンサイト相体積分率 ξ に関する支配方程式（これを変態カイネティックスといい，連続体力熱・力学では，内部変数 ξ の変化を記述する**発展式**（evolution equation）と呼ぶ．発展式については4.2節で解説する）が必要である．マルテンサイト変態/逆変態は非拡散型変態であるから，変態カイネティックスは，応力 σ と温度 T の現在値の関数として

$$\xi = \Theta(\sigma, T) \tag{4.5}$$

と表すことができる．式（4.5）が引数として時間を陽に含まないことが非拡散型変態の特徴である．応力と温度の値が時間的に変化するときにのみ変態は進行して，マルテンサイト相体積分率 ξ は 0（変態開始）から 1（変態終了）まで変化するが，それらが時間的に一定であれば変態は進行しない．これに対して，パーライト変態などの拡散型変態では，その変態カイネティックスは応力，温度などの変数のほかに時間そのものも引数となることを指摘しておく．したがって，応力と温度が一定に保持されても，時間の経過とともに変態が進行する．

　式（4.5）の具体的な関数形としては，Magee型の指数関数

$$\left.\begin{array}{l}\xi=1-\exp[a_M(M_s-T)+b_M\sigma]\,;\text{マルテンサイト変態}\\ \xi=\exp[a_A(A_s-T)+b_A\sigma]\,;\text{逆変態}\end{array}\right\} \quad (4.6)$$

がよく使われる．これは，鋼の熱処理過程におけるマルテンサイト変態の進行に対して定式化された Koistinen-Marburger の変態カイネティックス[9]を拡張したものである．この点については，あとでもう少し詳しく説明する．式中の M_s と A_s は，無応力のもとでのマルテンサイト変態と逆変態の開始温度であり，材料定数 a_M，b_M，a_A，b_A の物理的意味については以下で明らかになる．

式 (4.6) より，変態開始（$\xi=0$）と変態終了（$\xi=0.99$）の条件を求めると，それぞれつぎの式となる．

マルテンサイト変態

$$\left.\begin{array}{l}\sigma=\left(\dfrac{a_M}{b_M}\right)(T-M_s)\\ \sigma=\dfrac{-2(\ln 10)}{b_M}+\left(\dfrac{a_M}{b_M}\right)(T-M_s)\end{array}\right\} \quad (4.7)$$

逆変態

$$\left.\begin{array}{l}\sigma=\left(\dfrac{a_A}{b_A}\right)(T-A_s)\\ \sigma=\dfrac{-2(\ln 10)}{b_A}+\left(\dfrac{a_A}{b_A}\right)(T-A_s)\end{array}\right\} \quad (4.8)$$

すなわち図 4.1 に示したように，変態開始と変態終了を表す条件は，ともに応

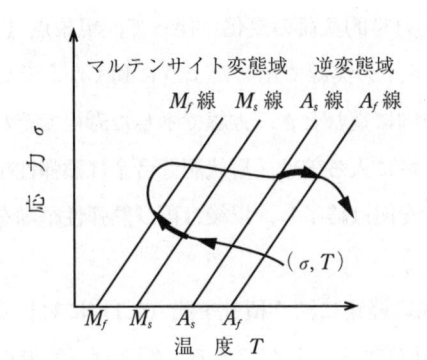

図 4.1 変態線と変態域（模式図）

力-温度平面における直線（変態開始線［M_s線，A_s線］と変態終了線［M_f線，A_f線］）となり，それらのこう配はそれぞれ a_M/b_M，a_A/b_A である。むろんこれらの値が定数でない場合には，変態開始/終了線は曲線となる。変態開始線は，クラウジウス-クラペイロン関係[10]に対応していることを指摘しておく。変態開始/終了線が横軸（$\sigma=0$）と交わる点は，無応力のもとでの変態開始/終了温度であり，それぞれ M_s，A_s，M_f，A_f 点である。変態開始線と終了線ではさまれた領域を**変態域**（transformation zone あるいは transformation strip）と呼ぶ。変態域の応力軸方向の幅は，式（4.7），（4.8）からマルテンサイト変態，逆変態に対してそれぞれ

$$\Delta\sigma_M = \frac{-2(\ln 10)}{b_M}, \qquad \Delta\sigma_A = \frac{-2(\ln 10)}{b_A} \tag{4.9}$$

で与えられる。すなわち，材料定数 b_M，b_A の値は，変態域の幅より同定できる。変態開始/終了線は，応力-ひずみ線図から変態開始点と終了点を読み取ることによって決定できるので，変態カイネティックス（式（4.6））にあるすべての材料定数は，等温引張試験結果から同定することができる。

マルテンサイト変態が進行することは $\dot{\xi}>0$ であり，逆変態が進行することは $\dot{\xi}<0$ であるから，式（4.7），（4.8）よりそれぞれの変態は，現象点（σ，T）が変態域の内部を

$$\left.\begin{array}{l} b_M\dot{\sigma}-a_M\dot{T}>0\,;\text{マルテンサイト変態} \\ b_A\dot{\sigma}-a_A\dot{T}<0\,;\text{逆変態} \end{array}\right\} \tag{4.10}$$

の方向に動くときに進行する。熱・力学的負荷の変化に伴って，現象点（σ，T）は応力-温度平面内を例えば図 4.1 の実線で示したように動くが，その経路が変態域に入り，式（4.10）の方向に進むとき，太線で示した過程でそれぞれの変態が進行する。現象点が変態域に入る前は，形状記憶合金は熱弾性挙動を示す。また，変態域を出た時点で変態は終了し，以後は再び熱弾性挙動を示す。

このような点を考慮しながら，図の経路に沿う積分を式（4.1）に対して実行することによって，ひずみ ε を計算することができる。例えば，等温引張

試験の場合には，$\dot{T}=0$ であり，応力経路は $\sigma(t)$ で与えられる。この条件に対して解 $\varepsilon(t)$ が求まる。$(\sigma(t), \varepsilon(t))$ をプロットした結果が，応力誘起マルテンサイト変態/逆変態に伴う応力-ひずみ線図である。逆にひずみ経路 $\varepsilon(t)$ が与えられる場合には，積分を $\dot{\sigma}$ に対して実行して，応力 σ の変化を求める。例えば，等温のもとで荷重によってマルテンサイト変態を誘起させた後，変形を拘束して加熱する過程を考える（図3.11参照）。温度 T_0 における σ_{Ms}（変態開始応力）から σ_{max}（負荷応力）までの応力誘起マルテンサイト変態過程は，上で説明した方法で解析する。その後の加熱過程では $\dot{\varepsilon}=0$ であり，温度履歴 $T(t)$ は与えられている。

　式（4.1）を積分すると，応力変化 $\sigma(t)$ が求まる。図3.11（a）に示したように現象点は，温度が増加するとともに逆変態域内を上昇する。このときの状況は，図3.11（b）の応力-ひずみ線図のようになる。これが，逆変態時に発生する**回復力**（recovery stress）である。回復力は形状記憶合金素子の駆動力となるので，その値を評価することは素子設計の重要な考察点である。いずれの場合にも，変態速度 $\dot{\xi}$ の計算には式（4.6）を使う。$K=C/C_M$ で変形拘束の強さを定義したとき，$K=\infty$ は完全拘束を，$K<\infty$ は軟らかい拘束を表す。発生する回復力は変形拘束の強さに大きく依存する。この計算例は，マニピュレータが硬い物や軟らかい物をつかむ場合の素子設計に応用できる。

　図4.2，図4.3に，Ni-Ti合金に関する計算例を示した[11]。図4.2に点線で示した応力-ひずみ線図の実測値より変態開始/終了点を読み取って変態線をつくると図4.3を得る。白丸が変態開始を，黒丸が変態終了を表す。多くの形状記憶合金の場合と同様に，変態開始/終了線が直線で表されている。これより式（4.6）中の材料定数を同定し，上で説明した方法で求めた応力-ひずみ線図の計算結果を図4.2に太線で示した。試験温度によって形状記憶効果や変態擬弾性などの性質が現れることをよく表現している。図4.2（a）で変形初期にみられる実測結果と計算結果との食い違いは，マルテンサイト変態に先行するR相変態を考慮していないことによる。

　図4.4～図4.6は，鉄系形状記憶合金に関する計算例である（鉄系形状記憶

(a) $T = 298\,\mathrm{K}$

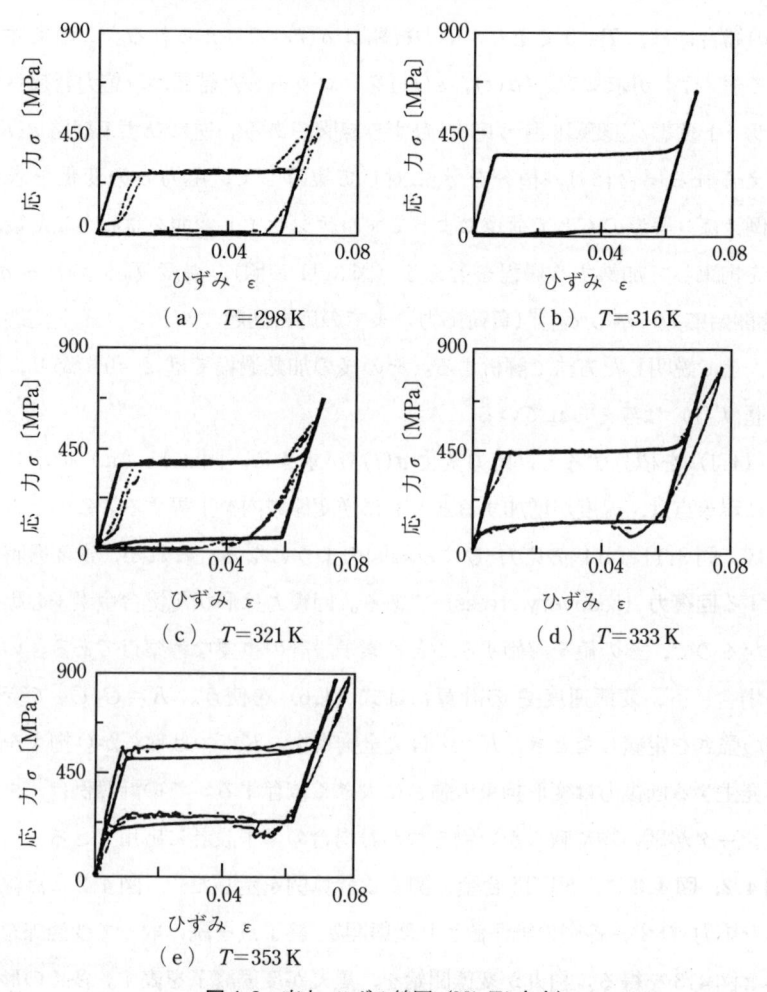

(b) $T = 316\,\mathrm{K}$

(c) $T = 321\,\mathrm{K}$

(d) $T = 333\,\mathrm{K}$

(e) $T = 353\,\mathrm{K}$

図 4.2 応力-ひずみ線図（Ni-Ti 合金）

合金の変態カイネティックスについては，あとで説明する)[12]。室温（300 K）で，図 4.4 の応力-ひずみ線図の位置（$\sigma_{\max}^{+}$）まで負荷した後，除荷する。むろん負荷過程で生じる非線形変形は，応力誘起変態（鉄系形状記憶合金の場合には，応力によって母相から ε マルテンサイト相が誘起される[13]）に起因するものである。除荷後変形を拘束して加熱したときの回復力の発生は，直線で示されている。発生する回復力の大きさは，負荷応力の大きさ，つまり誘起され

図 4.3 変態線と変態域（Ni-Ti 合金）

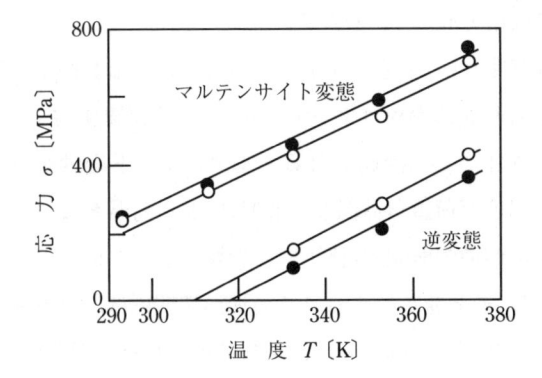

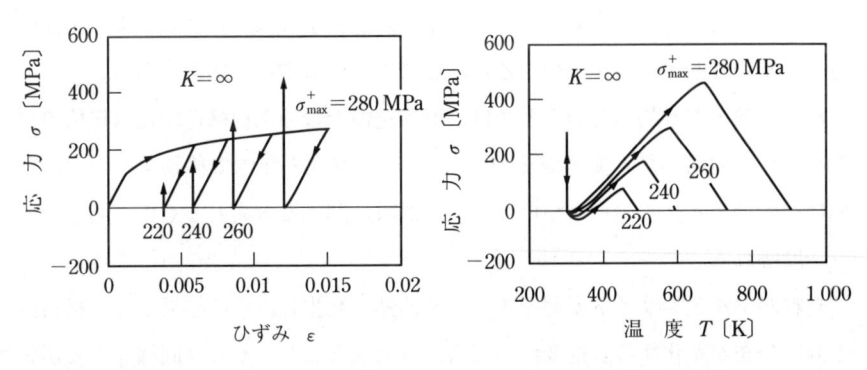

図 4.4 応力-ひずみ線図と回復力の発生（鉄系形状記憶合金）

図 4.5 回復力の発生（鉄系形状記憶合金）

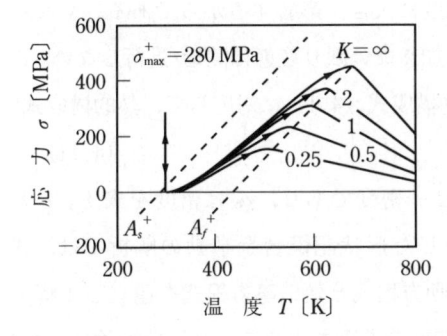

図 4.6 回復力の発生：変形拘束の効果（鉄系形状記憶合金）

るマルテンサイト相の量に依存することがわかる。

　回復力の発生を温度の依存性として直接示したのが図 4.5 である。図中の直線は，300 K における等温負荷/除荷過程（マルテンサイト変態過程）を表す。この計算例では，負荷荷重が小さい（誘起されるマルテンサイト相量が少ない）場合には，逆変態開始温度が荷重負荷温度（300 K）より高温となる（誘起されるマルテンサイト相量が逆変態開始/終了線に影響することについてはあとで触れる）。したがって，逆変態が始まるまでの加熱初期には，熱膨張に起因する圧縮応力が試料に発生する。図 4.6 は，点線で示された変態開始/終了線を境界とする逆変態域内を現象点（σ, T）が動くときの経路を示したものであり，変形拘束の効果を表している。変態終了後は，熱膨張による圧縮応力が働くので回復応力が減少するが，ここでも変形拘束の影響がある。

　繰返し熱・力学的負荷のもとでは，形状記憶合金の微視構造変化（転位の蓄積など）に対応して，変態域そのものも応力-温度平面内で移動するので，事柄は複雑である。この点については，変態域に関する考察とともに，あとでもう一度触れる。

　材料がマルテンサイト変態をすると変態熱が発生し，その結果として材料内の温度分布が変化する。逆変態の場合には吸熱となり，やはり同様なことが起こる。したがって，形状記憶合金の挙動を厳密に追求するためには，熱伝導解析を行って材料内部の温度分布を推定する必要がある[14),15)]。式 (4.6)（あるいは，図 4.3）でみるように，変態は温度に大きく影響するからである。すなわち，温度が上がるとより大きな応力を加えない限り変態は開始/進行しない。このような点を考察するために，力学的構成式 (4.1) に対応して，熱的構成式

$$\rho_0 \dot{\eta} = -H\dot{\varepsilon} + c\dot{T} + \Gamma\dot{\xi} \tag{4.11}$$

を導入する。ここで，η はエントロピー密度であり，ρ_0 は密度を表す。c と Γ は材料定数である。変態熱を考慮した形状記憶合金挙動の解析では，式 (4.1), (4.6), (4.11) を使って，運動方程式と熱伝導方程式を連立して解くことによって変形，温度変化および変態の進行を求める。詳しい議論は，4.2 節で行う。

形状記憶合金の引張試験を行うと，引張速度が大きければ高い応力-ひずみ線図が得られる。これは形状記憶合金の固有な特性ではなく，時間当りに発生する変態熱量が大きくなるために試料温度が上昇する結果である。そのことは，上に述べた熱伝導解析を行うことによって検証できる[16]。実際，大きな冷浴中（例えば，水中）で引張試験を行って発生する変態熱の影響を小さくすると，引張速度に依存しない応力-ひずみ線図が得られる。引張速度を非常に小さくとって実験するとほとんど定温下で過程が進行するので，その温度における応力-ひずみ線図を求めることができる。

このモデリングによれば，変態線や変態域などの概念をとおして，変態現象と熱・力学的現象との相互作用を的確に把握できる。必要な材料パラメータの物理的意味が明確であること，数値解析を行う際には既存の熱弾塑性解析パッケージを利用できることなども本理論の特徴である。初期の理論は，Rogers[17],[18]，Brinson[19]，Lagoudas[20] などによって拡張され，形状記憶合金の素子設計やインテリジェント材料/構造設計に多用されている。

多軸応力のもとでの解析について述べておこう[20],[21]。微少ひずみ条件下での話に考察を限定すれば，全ひずみ ε は

$$\varepsilon = \varepsilon^e + \varepsilon^T + \varepsilon^* \tag{4.12}$$

と分解することができる，ε^e は弾性ひずみ，ε^T は熱膨張ひずみであり，それぞれ弾性定数と熱膨張係数を使って計算することができる。むろんこれらの材料定数は変態の進行とともにその値が変わる（4.2節の議論を参照のこと）。変態に起因する変態ひずみ ε^* を，速度型の構成式

$$\dot{\varepsilon}^* = \Lambda \dot{\xi} \tag{4.13}$$

で与えられると仮定する。ただし係数 Λ は

$$\Lambda = \begin{cases} H \dfrac{3}{2} \dfrac{s}{\sigma_e} ; \dot{\xi} > 0 \\ H \dfrac{\varepsilon^*}{\varepsilon_e^*} ; \dot{\xi} < 0 \end{cases} \tag{4.14}$$

で与えられる。また，s は偏差応力，σ_e と ε_e^* はそれぞれミーゼス型の相当応

力,相当変態ひずみである。係数 H は単軸変形のときの最大回復ひずみを表している。式(4.13)は,**変態誘起塑性**(transformation induced plasticity, TRIP)材料に対して定式化された構成式系[22]を参考にして導かれたことを指摘しておこう。ここで説明した構成式系(式(4.12)〜(4.14))と単軸の構成式(4.1)との適合性については,Kawai が詳しく議論し,H の具体的表現を導いている[21]。

いくつかの内部変数を,例えば,局所ひずみ,局所応力,安定化マルテンサイト相分率,部分転位密度,転位構造などを評価する状態変数として導入することによって,熱・力学的負荷によるトレーニング過程における形状記憶合金の挙動評価,二方向形状記憶効果の発生,応力-ひずみ-温度ヒステリシス変化などを評価することもできる。この点については,あとで議論する。

4.1.2 形状記憶合金のモデリング-2

4.2節で説明する変態の熱・力学で明らかになるように,材料に発生する応力 σ は,ひずみ ε と温度 T の関数である非凸なヘルムホルツ自由エネルギー $F(\varepsilon, T)$ によって特徴づけられ,変形前の密度を ρ_0 としたときつぎの式で与えられる。

$$\sigma = \rho_0 \frac{\partial F}{\partial \varepsilon} \tag{4.15}$$

したがって,**図4.7**(a)に点線で示した部分では,応力-ひずみ線図のこう配($d\sigma/d\varepsilon$)が負の値をとる。すなわちこの部分では材料の状態が熱力学的に不安定となっていることを示している。熱力学的考察によれば,ヘルムホルツ自由エネルギーの共通接線(図の AB)部分で変態が進行する。そのときの応力-ひずみ線図は,図(b)に影で示した二つの面積が等しくなるような,いわゆる Maxwell 線となる。ひずみが増加すると変態は A 点で始まり,B 点で終了する。この間応力の値は一定である。ヘルムホルツ自由エネルギーの温度依存性を適当に選ぶことによって,温度域によって形状記憶効果や変態擬弾性などの特性を示すような応力-ひずみ線図を与えることができる[23]。

4.1 熱・力学的挙動のモデリング

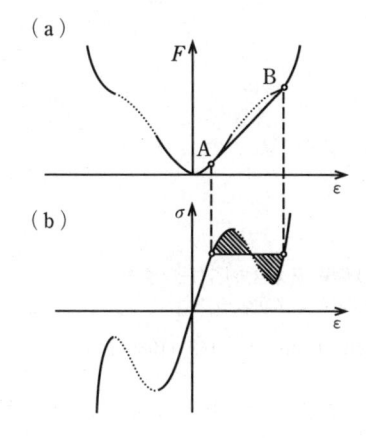

図 4.7 非凸なヘルムホルツ自由エネルギーと対応する応力-ひずみ線図

〔I. Müller：Continuum Mech. Thermodyn., **1**, pp. 125〜142 (1989)〕

Müller は，連続体力学における**混合体理論**（mixture theory）を使ってこのモデリングを再構成した[24),25)]。すなわち，非凸なヘルムホルツ自由エネルギーを，母相とマルテンサイト相のヘルムホルツ自由エネルギー F_A, F_M と母相/生成相間の相互作用に起因するエネルギー項 F^* を使って

$$F = (1-\xi)F_A + \xi F_M + F^* \tag{4.16}$$

と表現し，各相のひずみ ε_A, ε_M の総和が全ひずみ ε となること

$$\varepsilon = (1-\xi)\varepsilon_A + \xi\varepsilon_M \tag{4.17}$$

を制約条件として，ヘルムホルツ自由エネルギー F の極値条件を求めた。得られた相平衡状態は，図 4.7（b）の水平線（Maxwell 線）に対応する。ひずみを大きい値から小さくした場合に起こる逆変態に対しても同様な考察が可能である。

相互作用エネルギー項を

$$F^* = A(1-\xi)\xi \tag{4.18}$$

と選ぶと，応力-ひずみ線図は**図 4.8** に示したようになり，斜線で示したヒステリシスの面積は式（4.15）の $2A$ に等しくなる。すなわち，相互エネルギー F^* は応力-ひずみ線図のヒステリシスの大きさに関連する。4.2 節で明らかになるように，相互作用エネルギー項は変態カイネティックスにも影響する。

図 4.8 変態過程を含む応力-ひずみ線図とヒステリシス

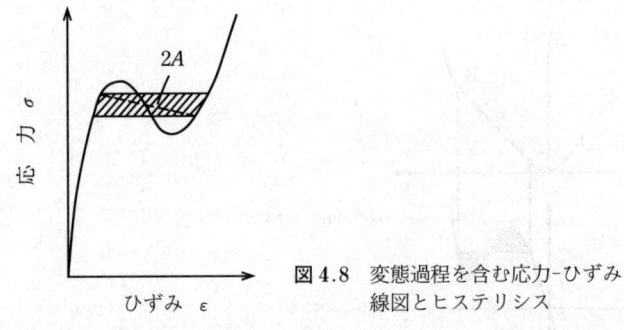

〔I. Müller：Continuum Mech. Thermodyn., **1**, pp. 125〜142 (1989)〕

理論によれば，図 4.8 に示した点線上で材料は準安定状態にある[25]。例えば負荷途中で除荷した場合，この線までは弾性除荷となるが，それ以後逆変態が進行し，結果として応力-ひずみ線図は図 4.9（a）に示したようになる。一方，再負荷した場合には，やはり準安定線まで弾性変形した後にマルテンサイト変態が進行し，図 4.10（a）の応力-ひずみヒステリシスが得られる。ひずみ範囲を順次大きくしていくような繰返し負荷のもとでは，図 4.11（a）に示したような応力-ひずみヒステリシスが予測される。点線で示した準安定線はマルテンサイト変態開始線であり，同時に逆変態開始線にもなっていることを注意する。モデルによるこれらの理論的予測は，それぞれの図中（b）に示した Cu-Zn-Al 単結晶合金に対する変位制御引張試験の結果に対する説明と

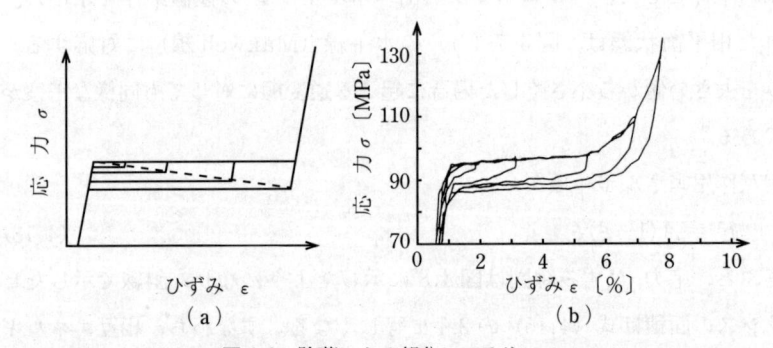

図 4.9 除荷による部分ヒステリシス
〔I. Müller and H. Xu：Acta Metall. Mater., **39**, pp. 263〜271 (1991)〕

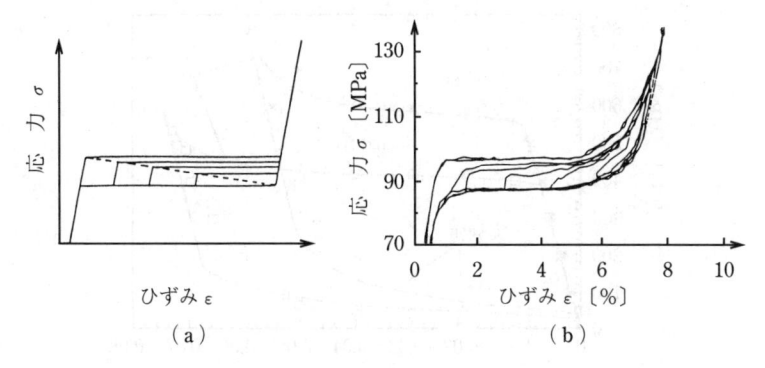

図 4.10 再負荷による部分ヒステリシス
〔I. Müller and H. Xu:Acta Metall. Mater., **39**, pp. 263〜271 (1991)〕

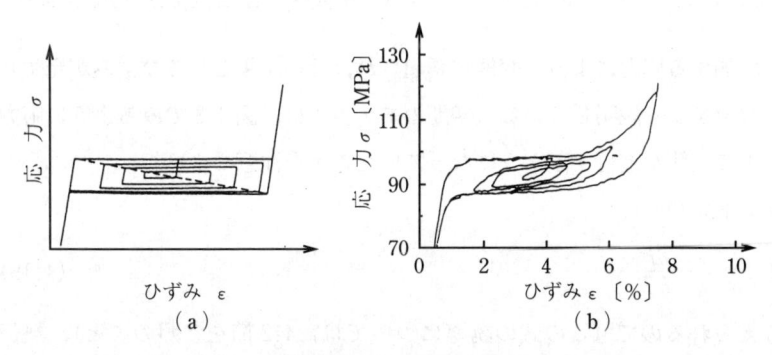

図 4.11 ひずみ振幅が変動する場合の部分ヒステリシス
〔I. Müller and H. Xu:Acta Metall. Mater., **39**, pp. 263〜271 (1991)〕

なっている[25]。ただし，形状記憶合金の応力-ひずみヒステリシスや温度-ひずみヒステリシスに関して，このモデルでは予測できないような多くの現象が観測されている。これらの複雑な現象を説明するための理論構築の試みについては，あとで触れる。

多軸応力下，非等温過程などへのモデルの拡張は Raniecki らによって行われ，熱・力学的負荷によって変態が進行することを表現する関係式である変態カイネティックスが導入された[26),27]。また，金属学で常用される概念である**変態駆動力**（transformation driving force）を合理的に導入することができた。

図 4.12 は Ni-Ti 合金の引張り，圧縮応力-ひずみ線図を計算したものであ

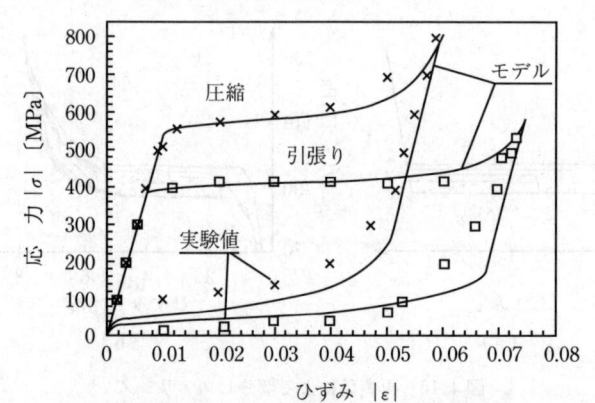

図 4.12 応力-ひずみ線図（Ni-Ti 合金）
〔B. Raniecki and C. Lexcellent : Eur. J. Mech. A/Solids, **17**, pp. 185～205（1998）〕

り，増加する応力によって変態が誘起され，その結果としてひずみが発生している現象をよく説明している（初期のモデルでは，図 4.8 でみるように応力一定の下で変態が進行するようになっていたことを注意せよ）[27]。

エントロピーは

$$\eta = -\frac{\partial F}{\partial T} \tag{4.19}$$

で与えられるので（この式の誘導については，4.2 節を参照のこと），熱伝導方程式を誘導することもでき，変態熱を考慮した熱・力学的解析が可能である。

熱力学に立脚した理論体系であること，応力-ひずみヒステリシスあるいは温度-ひずみヒステリシスの発生機構を熱・力学的な側面から説明したことなどがこのモデルの評価点であり，変態する材料を記述する力学体系と従来の固体力学の関連が明確になった。

マルテンサイト相あるいは母相の自由エネルギーの具体形は，熱弾性理論を援用して与えることができる。一方，相互作用エネルギー F^* は，材料の示すヒステリシスループの大きさや変態の進行挙動に依存している。その具体形を評価する際には，使用条件下での形状記憶合金の挙動データが必要である[28],[29]。このモデリングでは，多軸応力下の構成式系は

$$\sigma = \rho_0 \frac{\partial F}{\partial \varepsilon}, \qquad \eta = -\frac{\partial F}{\partial T} \tag{4.20}$$

となるので，多軸応力のもとでのヘルムホルツ自由エネルギーを評価することによって多軸応力の下での挙動解析が可能である[26),27),30)]。ヘルムホルツ自由エネルギー（あるいは後出のギブス自由エネルギー）に関しては，文献[31)~33)]も参考のこと．

4.1.3 形状記憶合金のモデリングに関連したコメント

（1） 変態カイネティックス 式（4.6）の変態カイネティックスは，以下のように導かれる．熱・力学的荷重の増分（$d\sigma$, dT）に対して，変態駆動力 ΔG が $d(\Delta G)$ だけ増分したとする（変態駆動力については，4.2節で詳説する）．その結果として母相内に新しいマルテンサイト板が発生するが，その数 dN は母相の単位体積当りの変態駆動力増分に比例すると仮定する[34)]．すなわち

$$dN = -k\, d(\Delta G), \quad k>0 \tag{4.21}$$

と表せる．簡単のために $\Delta G(\sigma, T)$ とすれば，この関係式を

$$d\xi = -(1-\xi)Vk\left[\frac{\partial \Delta G}{\partial T}dT + \frac{\partial \Delta G}{\partial \sigma}d\sigma\right] \tag{4.22}$$

と書き換えることができる．ただし，V は誘起されるマルテンサイト板の平均体積を表す．式（4.22）は，マルテンサイト相体積分率 ξ に関する微分方程式である．$\partial \Delta G/\partial T = a_M$ と $\partial \Delta G/\partial \sigma = b_M$ が一定ならば，熱・力学的負荷経路（$\sigma(\tau)$, $T(t)$）に沿って式（4.22）を積分することによって式（4.8）が得られる．むろんあとで明らかになるように，変態駆動力 ΔG は（σ, T）だけでなく，その他の変数にも依存するので，変態カイネティックスは，より複雑なものになる[33)]．

指数関数の特性から，式（4.8）でマルテンサイト変態完了（$\xi=1$）のときの引数の値を求めることができない．逆変態完了（$\xi=0$）についても同様である．したがって，通常，それぞれ $\xi=0.99$, $\xi=0.01$ を変態完了と定義す

る。式 (4.7), (4.8), (4.9) に $\ln 10$ が現れるのはこのためである。この点を避けるために，変態カイネティックス（式 (4.6)）を指数関数ではなく三角関数で表現することもある。その場合には，変態カイネティックスには上で述べたような物理的背景がないことを注意しなければならない。

式 (4.22) で $k=k'\xi$ ($k'=$一定) と考えると，変態カイネティックスとして

$$\left.\begin{array}{l}\xi=1-\dfrac{1}{1+\exp\{a_M(M_s-T)+b_M\sigma-\ln 99\}}\ ;\text{マルテンサイト変態}\\[2mm]\xi=\dfrac{1}{1+\exp\{a_M(A_s-T)+b_A\sigma-\ln 99\}}\ ;\text{逆変態}\end{array}\right\}$$

(4.23)

が求まる。これは，熱・力学的負荷のもとで多種類のマルテンサイト相バリアントが順次生じていくことによってではなく，すでに発生したマルテンサイト相バリアントの厚さが増加することによって変態が進行するような状況を説明していると考えられる[12]。実際，誘起されるマルテンサイトバリアントの種類が少ない鉄系形状記憶合金の変態挙動をよく表すことが示されている[12]。変態カイネティックス（式 (4.6) と (4.23)）の違いを模式的に図 4.13 に示した。変態カイネティックス（式 (4.23)）は，変態速度が変態初期には小さく，変態の進行とともに大きくなり，変態終期には再び小さくなるような過程を表現することができる。

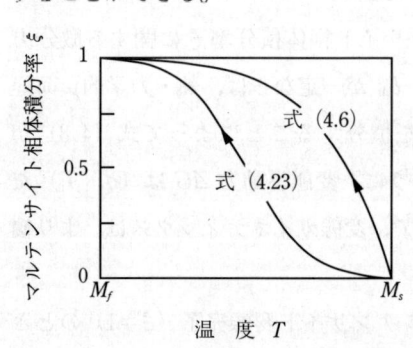

図 4.13 変態カイネティックス（式 (4.6) と式 (4.23)）の比較（模式図）

（2）変態域 変態域という概念は，R 相変態，マルテンサイト相/R 相バリアント再配列などの諸過程に対しても適用され，より広い温度域での

形状記憶合金の挙動評価を可能にしている[35)~39)]。R相変態とマルテンサイト相変態の変態域に関する実験結果（**図4.14**）[40)]を使って，Ni-Ti合金線材の負荷-除荷-変形拘束加熱過程を追跡したものが**図4.15**[41)]である。図（a）には応力-ひずみ挙動を示した。また図（b）によれば，変形拘束加熱過程でR相逆変態と逆変態が進行し，現象点は変態の進行とともにそれぞれの変態域中を開始線から終了線の方向に動く。その結果として回復力が発生している。太線で示した計算結果は，細線で与えた実験結果をよく説明している。

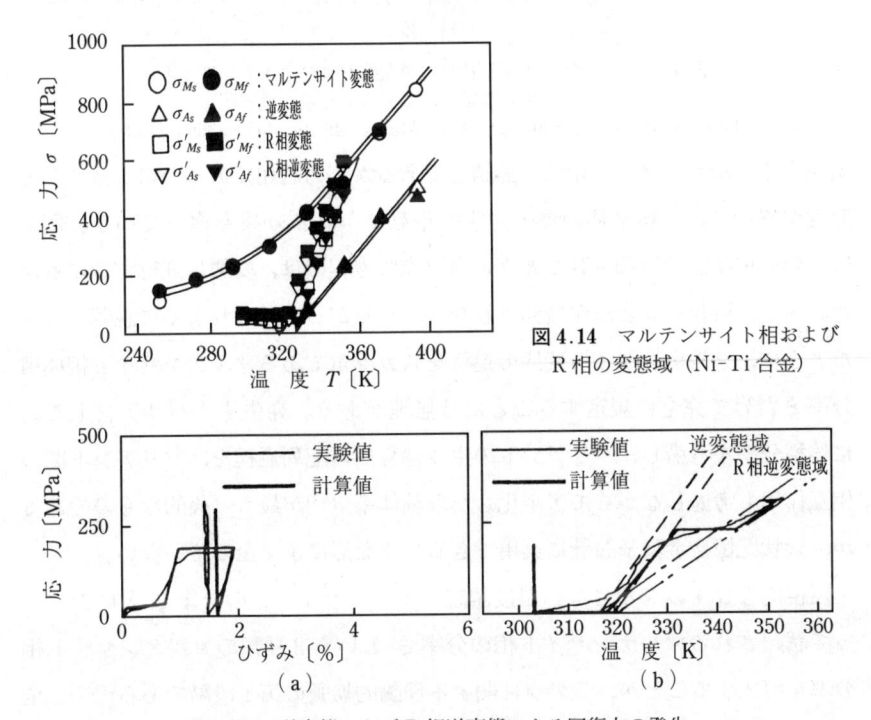

図4.14 マルテンサイト相およびR相の変態域（Ni-Ti合金）

図4.15 逆変態およびR相逆変態による回復力の発生

マルテンサイト変態，逆変態，マルテンサイト相のバリアント再配列などが熱・力学的負荷によって誘起される場合の変態域を**図4.16**に模式的に示した[39)]。現象点が，図の矢印の方向に進むときに変態が進行する。これらの変態図をもとに，種々の形状記憶合金に関する挙動解析が行われている。

（3） マルテンサイト相体積分率　　マルテンサイト変態によって母相中に

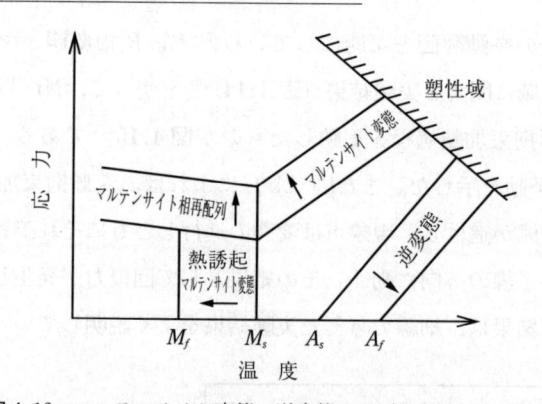

図4.16 マルテンサイト変態，逆変態およびマルテンサイト
相バリアント再配列に関する変態域（模式図）
〔A. Bekker and L. C. Brinson : Acta Mater., **46**, pp. 3649〜3665（1998）〕

出現するマルテンサイト相は，熱誘起であるか応力誘起であるかによってその形態が異なり，材料全体の熱・力学的挙動に与える効果も違っている。例えば，無荷重状態で冷却されたときの自己調整過程では，変態は進行するにもかかわらず，巨視的な変形が観測されない。したがって，これまでに説明してきたように，マルテンサイト変態の進行をスカラ量であるマルテンサイト相体積分率 ξ だけで完全に規定することには無理がある。発生するバリアントごとに体積分率を考慮し，バリアントの生成過程や再配列過程を，バリアント間の相互作用も考慮しながらモデル化した理論体系[33),42)]が最も一般的なものであるが，形状記憶合金素子設計に実用できるような形にまで至っていない。

巨視的なひずみを示さない温度誘起マルテンサイト相の分率 ξ_t と応力によって誘起されるマルテンサイト相の分率 ξ_d という2種類のマルテンサイト相分率を導入することが，この点に関する理論的拡張の第1段階である[30),37)]。全体積分率は

$$\xi = \xi_t + \xi_d \tag{4.24}$$

で与えられる。このときの力学的構成式は

$$\dot{\sigma} = C\dot{\varepsilon} + H\dot{T} + \Omega\dot{\xi}_d \tag{4.25}$$

となる。ξ_t と ξ_d に関する変態カイネティックスは別々に与え，現象点が例えば図4.16のどの位置をどの方向に動くかによって選択する。

(4) 部分ヒステリシス　図4.14の変態線(変態域)は,マルテンサイト変態/逆変態が完了した場合のものである。ところが図4.8〜4.10で示したような負荷-除荷-再負荷過程では,マルテンサイト変態/逆変態が完了せず,途中で停止する。このときの変態線は,一般には前の変態の影響を受ける。例えば,**図4.17**は,銅系形状記憶合金の電気抵抗-温度ループからマルテンサイト変態開始点(白丸)と逆変態開始点(黒三角)をプロットしたものである[43]。図に示したように,変態完了に至らない途中で温度負荷方向を変えると,そのときに得られるヒステリシス(マルテンサイト変態/逆変態が完了したときに得られる一番大きなループを完全ヒステリシス,いまのような変態が完了しないときのループを部分ヒステリシスという)から測定される変態開始点は一定ではなく,しかもモデリング-2の予測とは違って,両者は一致しな

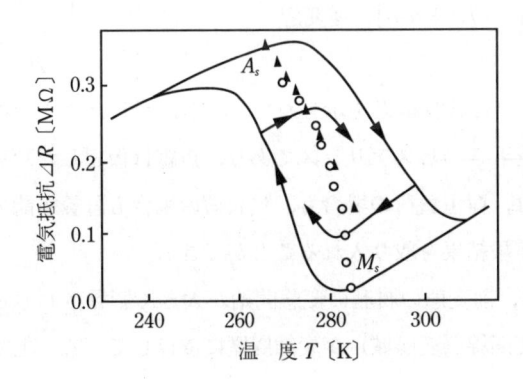

図4.17　不完全変態時の変態開始点(銅系形状記憶合金)
〔A. Amengual et al.: Proc. ICOMAT 92, pp. 377〜382 (1994)〕

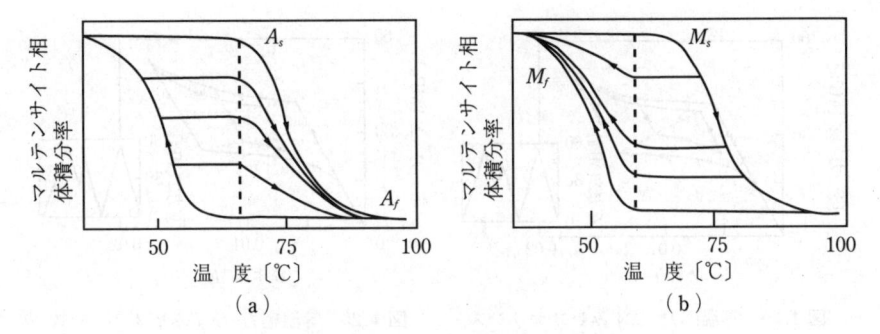

図4.18　Ni-Ti合金の部分ヒステリシス
〔Yu. I. Paskal and L. A. Monasevich: Phys. Met. Metallogr., **53**, pp. 95〜99 (1981)〕

い。ところが，図4.18に示したNi-Ti合金のマルテンサイト相体積分率-温度ヒステリシスに関する実験結果をみると，A_sとA_f（図(a)），M_sとM_f（図(b)）は一定で変化しない[44]。このように，部分ヒステリシスの解析には前変態の影響を考慮する必要があるが，その効果は合金によって異なっている。

マルテンサイト変態開始点が一定ではなく，残留オーステナイト相の体積分率 ξ_{A0} の関数として $\mu(\xi_{A0})$ となり，逆変態開始点も一定ではなく残留マルテンサイト相体積分率 ξ_{M0} の関数として $\alpha(\xi_{M0})$ となると仮定することによって，部分ヒステリシスの解析が可能である。関数形 $\mu(\xi_{A0})$ と $\alpha(\xi_{M0})$ は実験結果から決定する。このときの変態カイネティックスは

$$\left.\begin{array}{l}\xi = 1 - \xi_{A0}\exp[a_M(\mu(\xi_{A0}) - T) + b_M\sigma]；マルテンサイト変態 \\ \xi = \xi_{M0}\exp[a_A(\alpha(\xi_{M0}) - T) + b_A\sigma]；逆変態\end{array}\right\}$$

(4.26)

となる。図4.19〜図4.22までに計算結果を示した[45]。図中に示したような複雑な熱・力学的負荷を与えたときのヒステリシスであり，点線は仮定した変態開始線を表す。この方法では，荷重負荷の場合も，熱負荷の場合も計算可能であり，変態開始点に関する実験結果を取り入れることができる。

図4.20〜図4.22の結果は，前変態の履歴に変態開始が大きく影響されることを示している。つまり，変態線（変態域）が変態履歴に依存している。上で

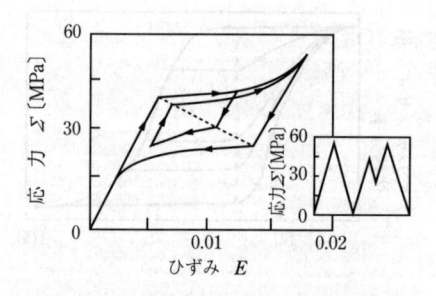

図4.19 等温応力-ひずみヒステリシス
（マルテンサイト変態開始線と逆変態開始線が同じ場合）

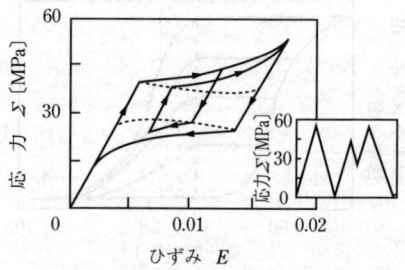

図4.20 等温応力-ひずみヒステリシス
（マルテンサイト変態開始線と逆変態開始線が異なる場合）

4.1 熱・力学的挙動のモデリング　85

図 4.21 等温応力-ひずみヒステリシス（マルテンサイト変態開始線と逆変態開始線が異なる場合）

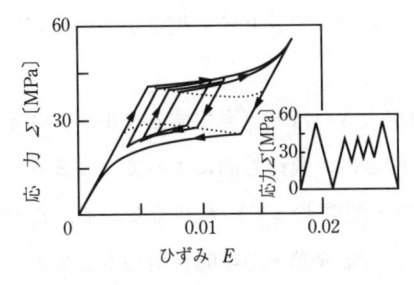

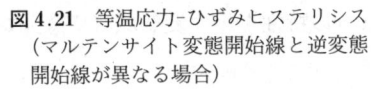

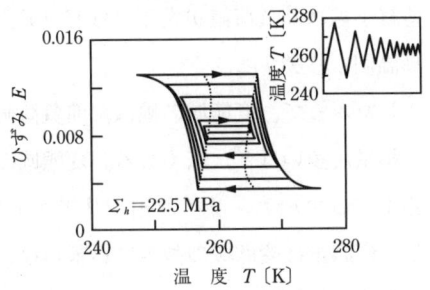

図 4.22 保持応力のもとでのひずみ-温度ヒステリシス（マルテンサイト変態開始線と逆変態の開始線が異なる場合）

説明した解析は，その事実を使って定式化されている．鉄系形状記憶合金が不完全変態（変態が完了せずに途中で停止した場合をこのように呼ぶことにする）したときの変態域を室温で調べた実験結果が**図 4.23**である[46]。室温で引張りあるいは圧縮応力を前負荷値（σ_{max}^+あるいはσ_{max}^-）まで負荷して応力誘起マルテンサイト変態させたあとに除荷し，一定の保持応力のもとで加熱した際に誘起される逆変態の開始/終了点を測定した．図中の白い記号は変態開始線を，黒い記号は変態終了線を表す．変態開始線は，前負荷値が大きいほど（すなわち発生するマルテンサイト相量が多いほど）低温側に移動する．一方，変

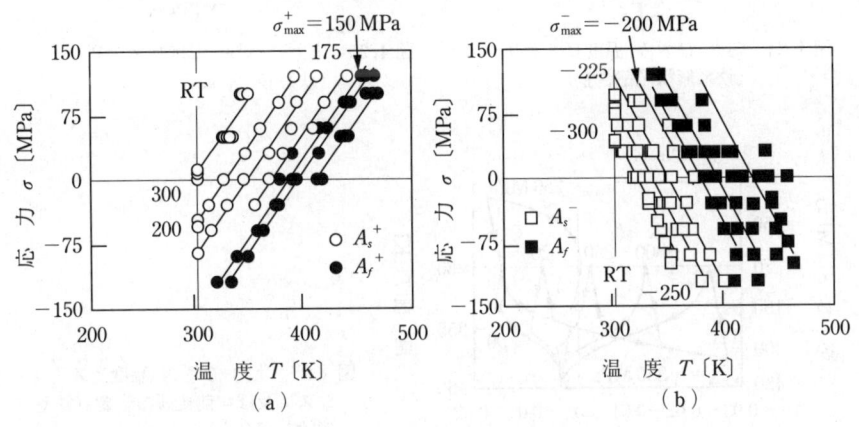

図 4.23 逆変態開始/終了線に及ぼすマルテンサイト変態量の影響（鉄系形状記憶合金）

態終了線は前負荷値が大きいほど（発生するマルテンサイト相量が多いほど）高温側に移動する。

したがって，変態域の幅は，前負荷値が大きいほど（発生するマルテンサイト相量が多いほど）広くなる。変態域の傾きは，負荷方向によって（つまり，発生するマルテンサイト相バリアントの種類によって）大きく変わる。ただし，変態量は変態域の傾きに影響しない。複雑な熱・力学的負荷のもとでのヒステリシス解析を実行する場合には，これらの特性を示す変態域（変態開始/終了線）を考慮しなければならない。

図4.24～図4.26に，この鉄系形状記憶合金に軸方向負荷と熱負荷を与えた場合の応力-ひずみ-温度ヒステリシスに関する解析結果を示した[12]。ただし，変態カイネティックスは，式（4.23）を拡張した

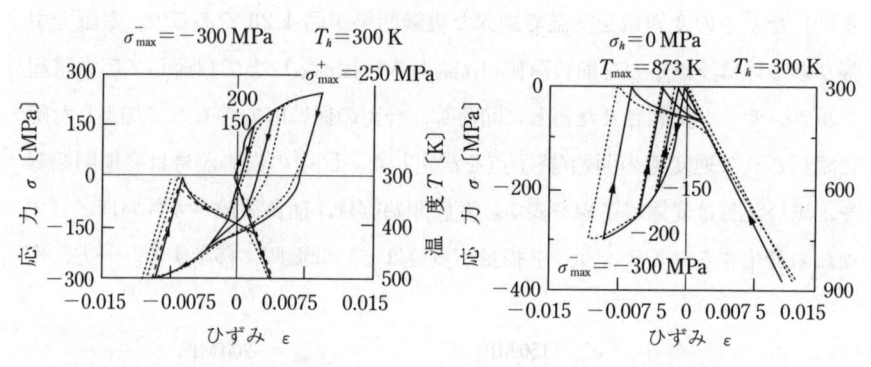

図4.24 応力-ひずみ-温度ヒステリシス（鉄系形状記憶合金）

図4.25 応力-ひずみ-温度ヒステリシス（鉄系形状記憶合金）

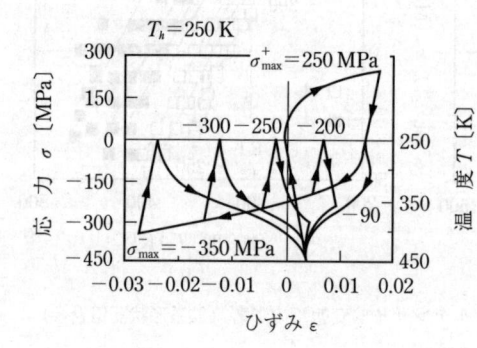

図4.26 応力-ひずみ-温度ヒステリシスに及ぼす前変態の影響（鉄系形状記憶合金）

$$\left.\begin{array}{l}\xi=1-\dfrac{\xi_{A0}}{1+\exp\{a_M(M_s-T)+b_M\sigma-\ln(99)\}}\ ;\text{マルテンサイト変態}\\[2mm] \xi=\dfrac{\xi_{M0}}{1+\exp\{a_M(A_s-T)+b_A\sigma-\ln(99)\}}\ ;\text{逆変態}\end{array}\right\}$$

(4.27)

を,また力学的構成式は

$$\dot{\sigma}=C\dot{\varepsilon}+H\dot{T}+\Omega^+\dot{\xi}^++\Omega^-\dot{\xi}^- \tag{4.28}$$

とした.ここで,ξ^+ と ξ^- はそれぞれ,引張応力によって生じたマルテンサイト相バリアント(M^{+0})の体積分率,圧縮応力によって生じたマルテンサイト相バリアント(M^{-0})の体積分率である.

引張応力負荷時の変態カイネティックスと圧縮応力負荷時の変態カイネティックスに現れる材料定数および式(4.28)中の Ω^+ と Ω^- は,変態線図より決定できる.図 4.24,図 4.25 中の点線は実験結果である.熱・力学的負荷の過程では,M^{+0} が生じるマルテンサイト変態,M^- が生じるマルテンサイト変態,M^{+0} が母相になる逆変態,M^{-0} が母相になる逆変態などが単独に,あるいは並行して進行する.それぞれの変態域が,前に進行した不完全変態の影響を受けて移動することも考慮しなければならない.どの変態が進行するかは,変態図によって判断する.ただしここでは,M^{+0} と M^{-0} の間の再配列過程は考えていない.

図 4.24 よりつぎのような挙動が明らかとなる.等温引張負荷で生じたバリアントの量は負荷値 $\sigma_{\max}^+$ によって異なるので,それに続く圧縮負荷過程ではそれぞれの場合で逆変態開始点が異なる.ただし,最終的には M^{+0} バリアントは圧縮過程中にすべて母相に戻り,並行して発生した M^{-0} バリアントだけになる.したがって,後続の加熱過程での挙動はすべて同じである.図 4.25 でみるように,圧縮応力によって発生する M^{-0} バリアントは,加熱過程では試料に引張ひずみを発生させる.図 4.26 で示したのは,つぎのような例である.加熱開始時には試料中に,それ以前の引張負荷($\sigma_{\max}^+=250\,\text{MPa}$)と圧縮負荷($\sigma_{\max}^-$)によって発生した M^{+0} バリアントと M^{-0} バリアントが存在する.し

たがって，その後の加熱過程では，M^{+0} バリアントによる圧縮ひずみと M^{-0} バリアントによる引張ひずみの和が試料のひずみとして観測され，二つのバリアントの量によってまったく違った挙動を示す．

（5） 繰返し熱・力学的負荷のもとでのヒステリシス　繰返し熱・力学的負荷のもとでも，変態域が移動する．図4.27 はその一例であり，Ni-Ti 合金試料にひずみ制御された繰返し負荷を加えた場合，実線で示した初期のマルテンサイト変態域/逆変態域が 100 サイクル後には高温側に移動していることを表している[40]．丸印がマルテンサイト変態域を，三角印が逆変態域に関する実験結果である．繰返し効果と呼ばれるこの現象は，繰返し熱・力学的負荷過程中に進行する転位の蓄積などによる材料内部の微視構造変化に起因することを 3 章までに説明した．図4.28 は，全ひずみ（8%）制御のもとで Ni-Ti 合金試料に室温で繰返し負荷を与えたときの応力-ひずみヒステリシスである[47]．繰返しの進行とともにヒステリシスが高ひずみ側，低応力側に移動し，最終的には定常ヒステリシスに収束する傾向を示している．

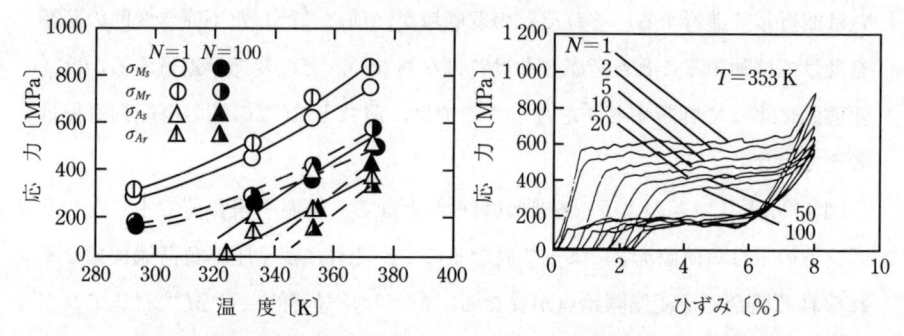

図4.27　繰返し負荷によるマルテンサイト変態域と逆変態の移動（Ni-Ti 合金）

図4.28　繰返し負荷による応力-ひずみヒステリシスの変化（Ni-Ti 合金）

繰返し効果を評価するために，二つのスカラ内部変数を使った定式化について説明する[48]．材料内部の転位構造が，繰返しの進行とともに初期構造から最終構造に変化すると考え，その進行が内部変数 λ で記述できるものとする．λ は，初期値 $\Lambda_0 (0 \leq \Lambda_0 \leq 1)$ から最終値 1 まで変化するとし，その発展式を

$$\overset{\circ}{\lambda} = \frac{1-\lambda}{\nu} \tag{4.29}$$

と仮定する．ただし，ν は材料定数である．微分 $\circ$ は，実時間 t ではなく，変態が進行しているときにのみ進む固有時間 τ に関する微分である．転位構造の変化は最終的には変態ひずみの大きさに関連するから，λ に関して

$$\Omega^+ = \lambda^+ \Omega_0, \qquad \Omega^- = \lambda^- \Omega_0 \tag{4.30}$$

の関係式があるものとする．ここで，Ω_0/C は最大回復ひずみである．添字 $^+$，$^-$ は前と同様に引張負荷，圧縮負荷を表す．もう一つのスカラ内部変数 κ は，鉄基形状記憶合金に特有な挙動を定式化するために導入するもので，ε マルテンサイト板が交差する点に形成される完全転位の蓄積を評価する．その発展式をつぎの式で与える．

$$\overset{\circ}{\kappa} = \frac{1-\kappa}{\mu} \tag{4.31}$$

ただし，μ は材料定数である．完全転位は合金の非可逆変形の原因となるので，材料内部に発生する局所塑性ひずみ ε_{ir} と κ の間にはつぎの関係があるものと仮定する．

$$\overset{\circ}{\varepsilon}_{ir} = \varepsilon_{ir}^{\max} (\overset{\circ}{\kappa}{}^+ - \overset{\circ}{\kappa}{}^-) \tag{4.32}$$

式中の $\varepsilon_{ir}^{\max}$ は，十分な繰返し負荷を与えたあとに観測される非可逆ひずみである．このとき，力学的構成式（4.28）は

$$\dot{\sigma} = C(\dot{\varepsilon} - \dot{\varepsilon}_{ir}) + H\dot{T} + \Omega^+ \dot{\xi}^+ + \Omega^- \dot{\xi}^- \tag{4.33}$$

となる．

引張応力負荷/除荷-加熱/冷却という熱・力学的繰返し負荷を応力制御で加えた場合の応力-ひずみ-温度ヒステリシスに関する計算結果を示す[48]．室温で 340 MPa まで引張負荷し，除荷のあと無応力のもとで 600 K までの加熱冷却をする．これを 1 サイクルとして，繰り返し負荷したときのヒステリシスが**図 4.29** である．図には，10 サイクルまでは 1 サイクルごとの，その後 100 サイクルまでは 10 サイクルごとのヒステリシスを描いてある．ヒステリシスの形はほとんど変わらないが，サイクルの進行とともに全体として高ひずみ側に移

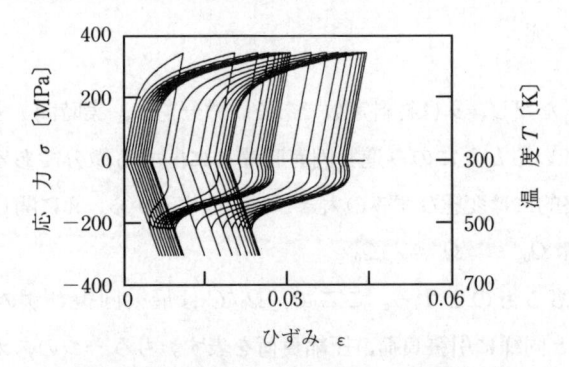

図4.29 応力制御繰返し熱・力学的負荷による応力-ひずみ-温度ヒステリシスの移動（鉄系形状記憶合金）

動している。その移動量（各サイクル終了時に生じる非回復ひずみに対応する）は，しだいに小さくなる。したがって，ヒステリシスは，最終的には定常ヒステリシスに収束することが予想される。

図4.30は全ひずみ（2%）制御のもとでの挙動解析であり，この場合には，ヒステリシスは高ひずみ側/低応力側に移動している。

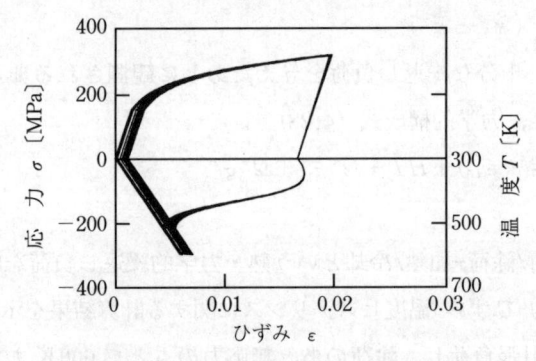

図4.30 ひずみ制御繰返し熱・力学的負荷による応力-ひずみ-温度ヒステリシスの移動（鉄系形状記憶合金）

図4.29は，熱・力学的トレーニング中のヒステリシス挙動を表していると考えることができる。何サイクルかのトレーニングを行った後，無負荷のもとで，10Kと520Kの間の温度サイクルを加える。このときのひずみ-温度ヒス

テリシスを示したものが図 4.31 である.図中の N で表したのはトレーニングの回数である.トレーニングをしていない($N=0$)試料は,温度サイクルに対しても線形的な膨張,収縮の反応しかしない.しかしトレーニングの回数が増加すると,ひずみ-温度ヒステリシスが現れ,二方向形状記憶効果が発現する.ヒステリシスの大きさは,トレーニングの回数とともに増加するが,しだいに収束する.これらの計算結果は,形状記憶合金の挙動をよく説明している.

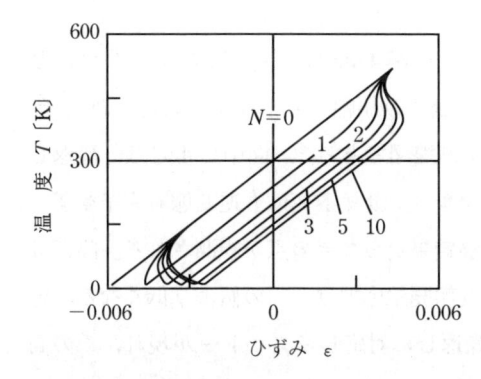

図 4.31 N サイクルのトレーニング後の二方向形状記憶効果(鉄系形状記憶合金)

(6) **変態界面の伝搬** Ni-Ti 合金を等温引張試験する際に,試料軸方向の何点かで軸ひずみ,温度,直径などを測定すると,位置によって測定量の進展に時間遅れが観察される[49)~51)].これは,マルテンサイト相と母相の界面(相界面)が材料中を伝搬するためである.顕微鏡で試料表面を直接観察することによって,相界面の伝搬を確認することができる.相界面の伝搬速度は荷重負荷速度に依存しており,いわゆる応力波の伝搬問題とは異なる現象である.塑性変形のリューダース線の伝搬と関連づけて議論され,マルテンサイト変態の発生エネルギー,相界面の伝搬エネルギーなどと応力-ひずみ線図との関連が考察されている.

マルテンサイト変態によって熱発生があるので,この現象の熱・力学的解析を行う場合には,移動熱源問題として扱わなければならない.明らかに荷重負荷速度に依存した解が求まるが,すでに説明したように熱的境界条件に起因す

る結果であり，材料の固有特性は速度依存性を示さない。

引張試験中には，試料はマルテンサイト相と母相から構成される不均質材料となる。繰返し負荷の場合には，マルテンサイト変態/逆変態を1回だけした領域，2回した領域，…などといった，異なった変態履歴を受けた領域が試料軸方向に縞となって直列に並ぶことになる。縞の幅は，試験中に荷重に依存して変化する。つぎに述べる応力-ひずみ線図のプラトーは，相界面が伝搬することによって生じるこの空間的構造と前に説明した繰返し効果が原因で発生する。

（7） **応力-ひずみ曲線のプラトー**　図4.32は，Ni-Ti合金のひずみ制御等温引張試験を行っている途中で，ひずみ振幅を変えながら繰返し負荷-除荷を行ったときに得られる応力-ひずみ線図である[52]。図中の番号は，繰返し数に対応している。繰返し負荷中はマルテンサイト変態も逆変態も完了せず，ともに不完全変態となっている。実験結果からつぎの点が観測される。除荷後に再負荷したときのマルテンサイト変態開始応力は，前の値より低くなる。応力-ひずみヒステリシスの上側には繰返しに対応してプラトーが現れ，その高さは繰返し中に変化する。ひずみ振幅が大きくなるとともに，プラトーのレベルは高くなり，最終的にははじめの応力-ひずみ線図のレベルに達する。

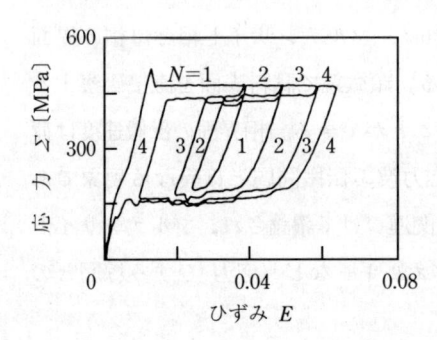

図4.32　繰返し負荷中の応力-ひずみ線図：プラトーの発生（Ni-Ti合金）

応力-ひずみ線図プラトーが発生することは，上で述べた相界面の伝搬現象によるものであり，プラトーのレベルが上下することは，繰返し効果に起因することをシミュレーションによって示すことができる。試料は，繰返し負荷に

よって縞構造となり，それぞれの縞の部分は以前に経験した変態履歴に依存してレベルの低い応力-ひずみ線図をもつからである（図4.28で示したように，繰返しが進むとともに応力-ひずみ線図は低くなる）。**図4.33**は，同様な条件に対する計算結果[53]であり，図（a）のような応力-ひずみ線図が得られる。図（b）は3サイクル目の応力-ひずみ線図であり，プラトーの発現とそのレベル変化がよく示されている。この現象は，繰返し負荷を与えて十分トレーニングした試料には現れない。なぜなら，図4.28でわかるように，このときには繰返し負荷の回数にかかわらず，試料は同一の応力-ひずみ線図を示すからである。むろんシミュレーションでもそのことが確認されている。

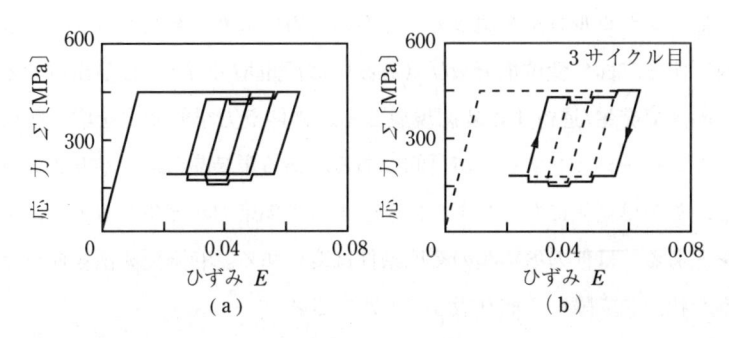

図4.33 応力-ひずみ線図のプラトーに関するシミュレーション

4.1.4 形状記憶合金のモデリング-3

いままでに説明した巨視的なモデリングとは異なる，微視的なモデリングについて概説しよう。前章までに詳しく説明したマルテンサイト変態の金属学によれば，形状記憶合金の単結晶は最大24個の晶癖面をもち，この面上で変態条件が満たされると，定まった方向にせん断変形が生じる。これがマルテンサイト変態の開始である。変態が完了すると，合金のもつ固有の変態ひずみに対応してせん断変形したマルテンサイト相バリアントが母相中に現れる。むろん，母相との幾何学的連続性を保つために，マルテンサイト相バリアントは変形し，その結果内部応力が発生する。単結晶に生じた変形を，多結晶体全体に加え合わせたものとして，巨視的変形が観測される。

この間の状況は，すべり面上ですべり方向に沿うすべり変形を素過程とする，結晶塑性学[54]における議論とまったく同じである。この点に注目して，形状記憶合金の巨視的挙動を晶癖面の構造レベルから誘導することが可能である[55]〜[62]。単結晶の挙動と多結晶体の示す巨視的挙動を結びつけるためには，微視力学における介在物理論や有限要素法を応用する。

ここでは，有限要素法を使った方法について説明する[63]。多結晶体を図 4.34 に示したように，立方体の有限要素に分割し，一つの要素が単結晶であると考える。各単結晶は，多結晶体内でそれぞれの結晶方位をもっている。実際のシミュレーションでは，測定された結晶方位分布を導入したり，一様分布の場合にはモンテカルロ法を使ってランダムな方位分布を与えたりする。多結晶体の対応する二面に変位増分 dU（あるいは荷重増分 dF）を与えることによって，内部で発生/進行する変態現象とそれに伴う力学的変化を増分解析によってシミュレーションするのが目的である。ある単結晶のあるバリアントが生じると，その単結晶に変態ひずみに起因する内部応力が発生するので，他のバリアントあるいは他の単結晶の変態条件は変化する。有限要素法を使うと，このような状況を支障なく取り扱うことができる。

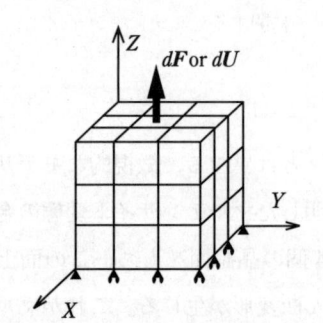

図 4.34 変態する多結晶体の解析
(有限要素の分割)

単結晶内部には変態可能な 24 個のバリアントがあり，それぞれの方位をもっている。単結晶 m 中のバリアント r の晶癖面における分解せん断応力は，その単結晶に発生している応力 σ^m に対してつぎの式で計算できる。

$$\tau_r^m = \boldsymbol{S}_r^m : \sigma^m, \qquad (S_r^m)_{ij} = \frac{(a_r^m)_i (b_r^m)_j + (a_r^m)_j (b_r^m)_i}{2} \qquad (4.34)$$

ただし，S_r^m は，単結晶 m 中のバリアント r がもつすべり方位と試料座標軸を関係づけるシュミットテンソルであり，晶癖面の法線ベクトル a_r^m とすべり方位 b_r^m に依存する．

単結晶 m 中のバリアント r の晶癖面において，化学的駆動力と機械的駆動力の和が臨界値に等しくなったときに変態するとし，形状記憶合金が変態する際には膨張はほとんどなく，せん断ひずみ γ^* のみが現れることを考慮すると，変態開始条件を

$$g_r = \tau_r^m \gamma^* - \beta(T^m - T_0) - H\sum_{i=1}^{24} \Omega_i^m \gamma_i^m - g_0 = 0 \qquad (4.35)$$

と表現できる．ここで，化学的駆動力は平衡温度 T_0 付近では線形であると仮定した．右辺第3項は，各バリアントに変態ひずみ γ_i^m が生じているときの"加工（ひずみ）硬化"を表し，重み係数 Ω_i^m によって，他バリアントが変態したことによって受ける効果（結晶塑性における潜在硬化）も取り入れている．変態ひずみ γ_i^m は，増分過程における $dg_r = 0$ の条件（塑性論の適合条件に対応する）より変態ひずみ増分 $d\gamma_i^m$ を求め，その和として計算する．

単結晶 m 中の24個のバリアントはそれぞれ体積分率 ξ_i^m をもっており

$$\xi_i^m = \frac{\gamma_i^m}{\gamma^*} \qquad (4.36)$$

によって評価する．したがって，単結晶 m のマルテンサイト相体積分率 ξ^m は

$$\xi^m = \sum_{i=1}^{24} \xi_i^m \quad (0 \leq \xi^m \leq 1) \qquad (4.37)$$

で与えられる．ξ^m が1になった時点でその単結晶の変態は終了し，その後はこの有限要素（単結晶）は弾性マルテンサイト相として挙動する．

銅系形状記憶合金に関する結晶学的データ[64]を使ってシミュレーションした結果をいくつか以下に示す[63]．図 4.35 は，等温下で負荷-除荷-再負荷を引張方向と圧縮方向に行った結果である．引張負荷と圧縮負荷で異なったバリアント（M^{+0} あるいは M^{-0}）が誘起されるので，応力-ひずみ曲線が異なる．図中の白丸と黒丸は 0.5% のマルテンサイト体積分率をオフセット値として定義したマルテンサイト変態開始点と逆変態開始点である．引張方向と圧縮方向で

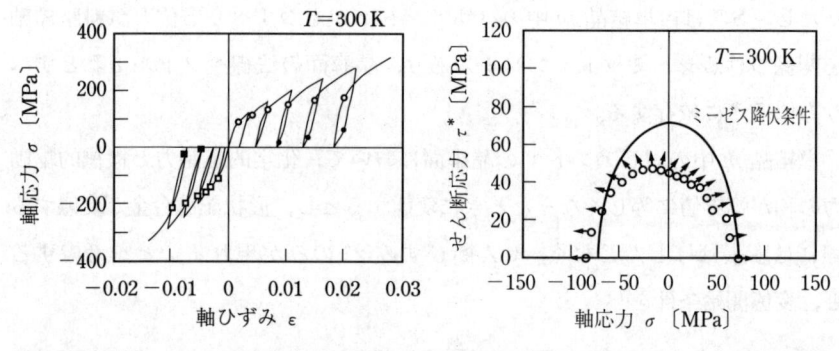

図 4.35 引張りおよび圧縮応力-ひずみ線図　**図 4.36** 初期マルテンサイト変態開始曲線

変態開始応力が異なっている（このことは図 4.36 でもう一度触れる）。また，逆変態開始応力の値は，それ以前に誘起されたマルテンサイト相量に依存している。このことは，予負荷値が大きくなると，応力-温度平面における逆変態開始線が低温側に移動する現象として観察されている。

図 4.36 は，軸応力 σ とせん断応力 τ を比例負荷 $\tau = m\sigma$ したときのマルテンサイト開始応力を求めたものであり，軸応力 (σ)-せん断応力 (τ^*) 平面で示した。ただし，$\tau^* = \sqrt{3}\tau$ である。マルテンサイト変態の開始は，上で述べたように，発生するマルテンサイト相の体積分率が 0.5% になった時点とした。初期マルテンサイト変態開始曲線は，引張側と圧縮側で非対称である。また，図中に示したミーゼスの降伏条件とは異なっている。このことは，変態現象を記述する理論で，応力の第3不変量が重要な役割を果たすことを示唆している。図中の矢印は変態ひずみ増分ベクトル ($d\varepsilon, d\gamma^*$); $d\gamma^* = d\gamma/\sqrt{3}$ の方向を示したものであるが，必ずしも法線則が成立していない。この点も，理論構築の際に考慮しなければならない。

引張負荷を 240 MPa まで行うことによってバリアント M^{+0} を誘起したあと圧縮方向に σ_{max}^{-0} まで負荷し，バリアント M^{-0} をさらに誘起する。この状態で加熱したときのひずみ-温度挙動を調べたものが，**図 4.37** である。M^{+0} バリアントから母相への逆変態は，図中の黒丸点から始まる。また M^{-0} バリアントは白四角点から発生し始める。これらの変態は圧縮負荷の進行とともに同時

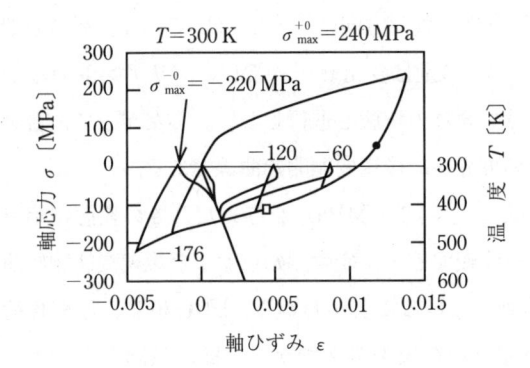

図 4.37 応力-ひずみ-温度ヒステリシスに及ぼす前変態の影響

進行する．加熱開始時には，試料は母相と M^{+0} バリアント，M^{-0} バリアントによって構成されているが，それぞれの体積分率は過程により異なる（図中の σ_{max}^{-0} の値に依存する）．M^{+0} バリアントだけの場合（$\sigma_{max}^{-0}=-60\,\mathrm{MPa}$）には圧縮変形を示すが，$M^{-0}$ バリアントの量が増すにつれて膨張変形となる．

図 4.38 は，引張方向（$m=+0$）に 100 MPa まで負荷して M^{+0} バリアントを誘起し，除荷後に再比例負荷して変態開始点を決めた結果を示したものである．塑性論における後続降伏面に相当するものであり，後続マルテンサイト変態開始面を同定しているといってもよい．白丸（M_s^{+0}）は，負荷過程ですでに生じている M^{+0} バリアントがさらに成長し始める点である．一方，白四角（M_{s+}^{+0}）は，M^{+0} バリアント以外の新しいバリアントが発生し始める点である．これに対して黒丸（A_s^{+0}）は，M^{+0} バリアントが母相に逆変態し始める点である．点線は，図 4.36 で決定した初期マルテンサイト変態開始線である．

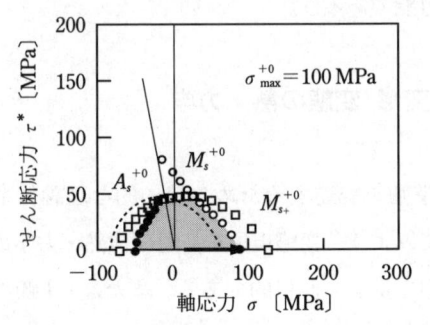

引張負荷 $\sigma_{max}^{+0}=100\,\mathrm{MPa}$

図 4.38 後続変態曲線

これらの正/逆変態開始点の位置は，負荷方向に強く依存している．図中の細線方向の負荷では M^{+0} バリアントの量は変化せず，新しいバリアントのみが成長する．影で示した部分ではいずれの変態も進行しない．したがって，合金は熱弾性挙動のみを示す．その境界が，後続変態開始曲線である．

引張方向に，より大きな負荷（$\sigma_{\max}^{+0} = 150\,\mathrm{MPa}$）を与えたときの変態開始点を計算した図 4.39 と図 4.38 を比較すると，変態開始点および後続変態開始曲線が全体として負荷方向に移動していることがわかる．図 4.40 に，圧縮負荷（$\sigma_{\max}^{-0} = -200\,\mathrm{MPa}$）を与えた場合の結果を与えたが，同様の傾向を示している．

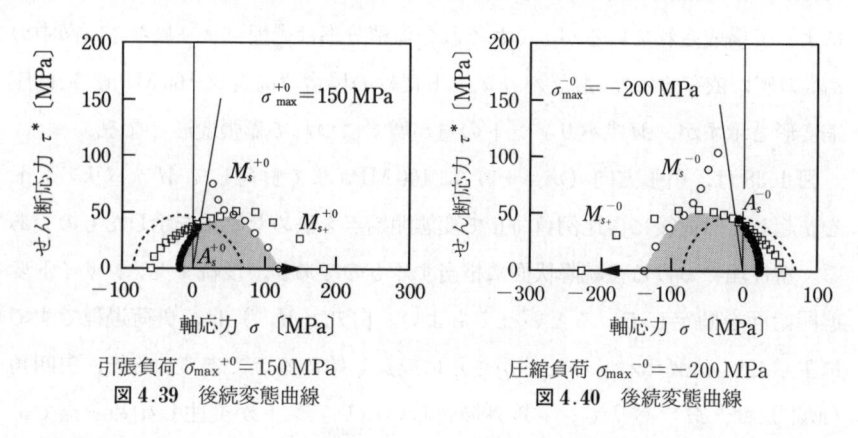

図 4.39　後続変態曲線　引張負荷 $\sigma_{\max}^{+0} = 150\,\mathrm{MPa}$

図 4.40　後続変態曲線　圧縮負荷 $\sigma_{\max}^{-0} = -200\,\mathrm{MPa}$

これらのシミュレーション結果を総合すると，塑性論の場合と同じように，初期変態開始線から"等方硬化"と"移動硬化"の結果として後続変態開始曲線が発現すると考えることが可能であろう．

4.2　変形/変態の熱・力学

形状記憶合金の熱・力学的挙動を記述するための統一的な理論体系について，巨視的な観点から考察してみよう．変態現象を，連続体熱・力学の枠組みの中にどのように取り込めるかを示すのが目的である．また，4.1 節で述べたいくつかの概念についてその物理的意味を説明するとともに，形状記憶合金の

金属学で考察されている現象が,力学の言葉でどのように記述できるかについても解説する。

ここでは,形状記憶合金が実用される状況を考えて,塑性変形は考慮しないことにする。変態現象と材料の塑性変形との相互作用については,変態誘起塑性(TRIP)として,金属学および力学の両面からさかんに研究されている[65]~[67]。最近では,TRIPは広く変態を伴う材料の挙動と解釈され,塑性変形を伴わない形状記憶合金についてもTRIPの一例として考察されている。

熱塑性論との類推から,材料の幾何学的変化を測るグリーンのひずみテンソル $\boldsymbol{E}$ と熱的変化を測るエントロピー密度 η が

$$\dot{\boldsymbol{E}} = \dot{\boldsymbol{E}}^e + \dot{\boldsymbol{E}}^*, \qquad \dot{\eta} = \dot{\eta}^e + \dot{\eta}^* \tag{4.38}$$

のように速度量の和の形に分解されるものと考える(グリーンのひずみテンソル $\boldsymbol{E}$ については,連続体力学や塑性力学の文献[68]~[70]を参考のこと。ここでは材料のひずみを測る尺度であると了解するだけでよい)。両式の右辺第1項は可逆過程である熱弾性変形による寄与であり,あとにわかるように(式(4.42)参照)ギブス自由エネルギーから誘導できる。右辺第2項が変態による寄与である。変態ひずみ項は変態膨張を含み,負荷応力によって優先的に選択されるマルテンサイト相バリアントの発生によっても生じる。

一方,変態エントロピー項は変態熱や材料内部の微視構造変化に起因すると考えることができるが,具体的な考察は今後の研究に譲る。塑性変形と同じように,ひずみテンソル $\boldsymbol{E}$ とエントロピー密度 η そのものではなく,その速度量(連続体力学では物質微分という)$\dot{\boldsymbol{E}}$ と $\dot{\eta}$ を熱弾性成分と変態成分の和の形に分解したことを指摘しておく。このことはマルテンサイト変態が非拡散型変態であることと関連している。つまり4.1節で述べたように,状態変数が時間的に一定に保たれれば変態は進行せず,したがって変態に起因する量 $\boldsymbol{E}^*$ と η^* もその値が変化しない。

形状記憶合金の熱・力学的過程は,状態変数の組 $(\boldsymbol{E}^e, \eta^e ; \xi, \boldsymbol{E}^*, \eta^*)$ で規定されるものと考える。後ろの3変数は内部変数であり,非可逆過程である変態の進行を支配する。変態の進行に伴うこれらの量の変化は,あとに述べ

る発展式で規定される．ξは，前に定義したようにマルテンサイト相の体積分率であり，変態の進行程度を表す変数である．すでに述べたように，母相中に発生するマルテンサイト相の形状は，例えばレンズ状や板状になるなど，状況によって複雑に異なる．さらに，マルテンサイト相バリアントの方位は負荷応力方向に依存する．マルテンサイト変態が温度で誘起されるか，応力で誘起されるかによっても変態後の微視構造は異なり，合金の巨視的反応は違ったものになる．これらのことは，4.1節で説明したようにマルテンサイト変態の進行を1個のスカラ量ξで規定することには考察の余地があることを示しているが，ここでは簡単のために，ξのみを変態進行を測る尺度として採用し，議論を進める．

　熱・力学的過程中にある材料は，熱力学第一法則（エネルギー保存式）と熱力学第二法則（エントロピー不等式）

$$\rho \dot{U} - \boldsymbol{\sigma} : \boldsymbol{L} + \mathrm{div}\, \boldsymbol{q} - \rho \sigma = 0, \qquad \rho \dot{\eta} - \rho \frac{\sigma}{T} + \mathrm{div}\left(\frac{\boldsymbol{q}}{T}\right) \geqq 0 \qquad (4.39)$$

をつねに満足している[1),6)]．式中の演算子で表された項の内容を成分表示によって表すと

$$\boldsymbol{\sigma} : \boldsymbol{L} = \sigma_{ij} L_{ij}, \qquad \mathrm{div}\, \boldsymbol{q} = \frac{\partial q_i}{\partial x_i}, \qquad \mathrm{div}\left(\frac{\boldsymbol{q}}{T}\right) = \frac{\partial \left(\frac{q_i}{T}\right)}{\partial x_i}$$

となる．ただし，添字については1から3まで総和をとる総和規約を採用している．すなわち

$$\sigma_{ij} L_{ij} = \sum_{i=1}^{3} \sum_{j=1}^{3} \sigma_{ij} L_{ij}, \qquad \frac{\partial q_i}{\partial x_i} = \sum_{i=1}^{3} \frac{\partial q_i}{\partial x_i}, \qquad \frac{\partial \left(\frac{q_i}{T}\right)}{\partial x_i} = \sum_{i=1}^{3} \frac{\partial \left(\frac{q_i}{T}\right)}{\partial x_i}$$

などである．式(4.39)の誘導とその意味については，文献[1)]を参照のこと．なお式中の記号は，つぎの物理量を表す．

　　　ρ：密度，U：内部エネルギー，$\boldsymbol{\sigma}$：コーシー応力テンソル，
　　　$\boldsymbol{L}$：速度勾配テンソル，$\boldsymbol{q}$：熱流束ベクトル，σ：熱発生項，
　　　T：温度

　連続体熱・力学の手法を用いると，式(4.39)から二つの関係式

$$E^e = -\rho_0 \frac{\partial \Psi}{\partial \Sigma}, \qquad \eta^e = -\frac{\partial \Psi}{\partial T} \tag{4.40}$$

$$D = K_1 \dot{\xi} + K_2 : \dot{E}^* + K_3 \dot{\eta}^* - \frac{1}{T} Q \cdot \text{Grad } T$$

$$= K_t * \dot{\kappa}_t - \frac{1}{T} Q \cdot \text{Grad } T \geqq 0 \tag{4.41}$$

を導くことができる。ただし、ギブス自由エネルギー

$$\Psi = U - \eta^e T - \frac{(\Sigma : E^e)}{\rho_0} = F - \frac{(\Sigma : E^e)}{\rho_0} \tag{4.42}$$

を導入した。式(4.41),(4.42)で

$$(\text{Grad } T)_i = \frac{\partial T}{\partial X_i}, \qquad \Sigma : E^e = \Sigma_{ij} E_{ij}^e$$

であることを注意する。式(4.42)で明らかなように、ギブス自由エネルギー Ψ は、4.1節で議論したヘルムホルツ自由エネルギー F と関係づけられている。さらに、新しい物理量

Σ：第2種ピオラ-キルヒホッフ応力テンソル

ρ_0：基準位置における密度（すでに式(4.15)で導入した）

Q：熱流束ベクトルの物質表現

を使った。また、三つの**熱力学的一般化力** (thermodynamic generalized force)

$$K_1 = -\rho_0 \frac{\partial \Psi}{\partial \xi}, \qquad K_2 = \Sigma - \rho_0 \frac{\partial \Psi}{\partial E^*}, \qquad K_3 = \rho_0 \left(T - \frac{\partial \Psi}{\partial \eta^*} \right) \tag{4.43}$$

を、流束（$\dot{\xi}$, $\dot{E}^*$, $\dot{\eta}^*$）の係数として導入した。熱力学的一般化力（K_1, K_2, K_3）は、対応する内部変数（ξ, E^*, η^*）を変化させるために必要な**駆動力** (driving force) と解釈することができる。

式(4.41)では、簡潔に表現するために、変数をまとめて

$$\left.\begin{array}{l} \Omega = (\Sigma, \ T), \quad \kappa_t = (\xi, \ E^*, \ \eta^*), \quad \dot{\kappa}_t = (\dot{\xi}, \ \dot{E}^*, \ \dot{\eta}^*) \\ K_t = (K_1, \ K_2, \ K_3) \end{array}\right\} \tag{4.44}$$

と表し、さらに演算子 * を使って、対応する物理量の内積をつぎの式のように書いた。

$$K_t * \dot{\kappa}_t = K_1 \dot{\xi} + K_2 : \dot{E}^* + K_3 \dot{\eta}^*$$

すでに述べたように κ_t は内部変数であり，非可逆過程（変態）が進行するとともにその値が変化する。内部変数に関する発展式は，あとの議論で導かれる。式 (4.44) の表記法を使うと，ギブス自由エネルギー Ψ を，応力，温度，内部変数の関数としてつぎのように表現できることを注意しておこう。

$$\Psi = \Psi(\Omega ; \kappa_t) \tag{4.45}$$

したがって，式 (4.43)，(4.45) からわかるように，熱力学的一般化力 K_t も変数 $(\Omega ; \kappa_t)$ の関数である。

式 (4.14) とギブス自由エネルギーの定義（式 (4.42)）を使うと

$$\Sigma = \rho_0 \frac{\partial F}{\partial E^e}, \qquad \eta^e = -\frac{\partial F}{\partial T} \tag{4.46}$$

を導くことができる。これは，4.1 節で使った式 (4.15)，(4.19)，(4.20) に対応している。式 $(4.46)_1$ は，式 $(4.15)_1$ を解いた形になっていることを注意する。ギブス自由エネルギーの定義式として導入した式 (4.42) を，熱力学ではルジャンドル変換[69),70)] という。ヘルムホルツ自由エネルギーから出発しても，ギブス自由エネルギーから出発しても同じ理論体系を構築できる。

さて，式 (4.40) は可逆（熱弾性）過程を記述する構成式であり，その物質微分をとることによって，速度型の熱弾性構成式

$$\dot{E}^e = D : \dot{\Sigma} + \Theta \dot{T}, \qquad \dot{\eta}^e = \left(\frac{\Theta}{\rho_0}\right) : \dot{\Sigma} + c \dot{T} \tag{4.47}$$

を導くことができる。ただし，式中の材料定数は

$$D = -\frac{\rho_0 \partial^2 \Psi}{\partial \Sigma \otimes \partial \Sigma}, \qquad \Theta = -\frac{\rho_0 \partial^2 \Psi}{\partial \Sigma \otimes \partial T}, \qquad c = -\frac{\partial^2 \Psi}{\partial^2 T} \tag{4.48}$$

で与えられる。ここで

$$D_{ijkl} = -\frac{\rho_0 \partial^2 \Psi}{\partial \Sigma_{ij} \partial \Sigma_{kl}}, \qquad \Theta_{ij} = -\frac{\rho_0 \partial^2 \Psi}{(\partial \Sigma_{ij} \partial T)}, \qquad (D : \dot{\Sigma})_{ij} = D_{ijkl} \dot{\Sigma}_{kl}$$

などである。式 (4.47) より

$$\left.\begin{array}{l} \dot{\Sigma} = D^{-1} : \dot{E}^e - (D^{-1} : \Theta) \dot{T} \\ \dot{\eta}^e = \left[\left(\frac{\Theta}{\rho_0}\right) : D^{-1}\right] : \dot{E}^e + \left[c - \left(\frac{\Theta}{\rho_0}\right) : (D^{-1} : \Theta)\right] \dot{T} \end{array}\right\} \tag{4.49}$$

となるが,この構成式系の1次元表現が,すでに議論した式(4.5)である。材料定数は,ギブス自由エネルギーの2階微係数として与えられるので,変数 (Ω ; κ_t) に依存している。考察する材料に対するギブス自由エネルギーの具体形を同定することによって,材料定数の内部変数依存性,特にマルテンサイト変態体積分率 ξ に対する依存性が決まる。例えば,ギブス自由エネルギーに関して後出の式 (4.62) を採用し,相互作用エネルギー項 Ψ^* を無視すると,式 (4.4) に対応する関係式を得る。

消散不等式 (4.41) は,非可逆(変態)過程中に消散されるエネルギーを評価している。非可逆過程熱力学でよく知られているように,熱力学的一般化力 $K_t = (K_1, K_2, K_3)$ と対応する流束 $\dot{\kappa}_t = (\dot{\xi}, \dot{E}^*, \dot{\eta}^*)$ の積の線形結合という形で消散が表されている。この不等式から熱力学的一般化力と流束の関係式を誘導することが,非可逆過程熱力学における研究テーマの一つである[69),70)]。両者に線形関係を仮定する場合や,消散ポテンシャルを導入して,より一般的な非線形関係を誘導する理論体系がある。ここでは,熱塑性論との類似性に注目して,少し違ったやり方で進む。

変態の開始と進行が,熱・力学的拘束条件とみなすことができる**変態条件** (transformation condition)

$$g = \tilde{g}(\Omega ; K_t ; \kappa_t) - g_0(\kappa_t) = 0, \quad \dot{g} = 0 \qquad (4.50)$$

によって規定されると仮定しよう。この条件は,熱塑性論における降伏条件と適合条件に対応している[71)]。すなわち,材料内のある物質点において,熱・力学的状態 (Ω ; K_t ; κ_t) が上の条件式 $(4.50)_1$ を満たすと変態が始まり,その結果として内部変数 κ_t の値が変化し始めると考える[33),42),72)]。変態条件は,すでに述べた変態域の一般化された概念となっていることに注目してほしい。逆変態あるいはほかの諸過程に対しても対応する条件が設定されるが,同様な議論となるので,ここでは触れない。単軸応力状態の状況については,4.1節の図 4.35 で説明した。式 $(4.50)_1$ は,応力-温度空間 (Ω 空間) で,閉じた曲面 (**変態曲面** (transformation surface)) を構成することも指摘しておこう。これは,熱塑性論における降伏曲面に対応する。変態が進行している間

は，現象点は変態曲面上にあり，したがって塑性論と同じように適合条件（式 $(4.50)_2$）が成り立つ．

金属学では，変態駆動力と呼ばれる量が臨界値に達すると変態が始まると考えている[10]．あとの議論で，変態駆動力を誘導し，さらに変態開始条件に関する二つの表現方法（変態駆動力を使う方法と，ここで用いる変態条件を使う方法）が等価であることを説明する．

簡単のために，消散不等式（4.41）が

$$D = \boldsymbol{K}_t * \dot{\boldsymbol{\kappa}}_t \geq 0 \tag{4.41a}$$

となる過程について考察する．これは，必ずしも温度一定（Grad $T=0$）の場合には限られないことを指摘しておく．ラグランジュ未定係数 $\dot{\mu}$ を使って，変態条件（式（4.50））を取り込んだ

$$\bar{D} = D - \dot{\mu}g = \boldsymbol{K}_t * \dot{\boldsymbol{\kappa}}_t - \dot{\mu}g \tag{4.51}$$

を定義することによって，$\bar{D}$ に関する条件付き極値問題を解くことができる．$\partial \bar{D}/\partial \boldsymbol{K}_t = 0$ からは，内部変数に関する発展式

$$\dot{\boldsymbol{\kappa}}_t = \dot{\mu} \frac{\partial g}{\partial \boldsymbol{K}_t} \tag{4.52}$$

が求まる．これは成分表示すると

$$\dot{\xi} = \dot{\mu} \frac{\partial g}{\partial K_1}, \quad \dot{\boldsymbol{E}}^* = \dot{\mu} \frac{\partial g}{\partial K_2}, \quad \dot{\eta}^* = \dot{\mu} \frac{\partial g}{\partial K_3} \tag{4.53}$$

となる．式 $(4.53)_1$ は，変態の進行を規定する内部変数 ξ に関する発展式であり，4.1節で議論した変態カイネティックスにほかならない．先に考察した式（4.5），（4.6）はこれを積分したものである．式（4.16）の形でヘルムホルツ自由エネルギーを与えた場合，式（4.43）とギブス自由エネルギーの定義を考慮すると，項 $\partial g/\partial K_1$ には F^* が直接現れることになる．すなわち先に述べたように，相互作用エネルギー F^* は変態の進行，すなわち変態カイネティックスと関連することがわかる．式 $(4.53)_{2,3}$ は，ひずみテンソルとエントロピー密度の変態成分を求めるための流れ則である．あとで，ギブス自由エネルギーを同様な形で与えた場合について（式（4.62））考察するが，このときも，相互作用エネルギー Ψ^* は変態カイネティックスと関係する．

ラグランジュ未定係数 μ を，適合条件（式 (4.50)$_2$）を使って導くと

$$\dot{\mu} = \tilde{\Delta}\left(\frac{\partial g}{\partial \boldsymbol{\Omega}} + \frac{\partial g}{\partial \boldsymbol{K}_t} * \frac{\partial \boldsymbol{K}_t}{\partial \boldsymbol{\Omega}}\right) \circ \dot{\boldsymbol{\Omega}}$$

$$\tilde{\Delta}^{-1} = -\left[\left(\frac{\partial g}{\partial \boldsymbol{K}_t} * \frac{\partial \boldsymbol{K}_t}{\partial \boldsymbol{\kappa}_t} + \frac{\partial g}{\partial \boldsymbol{\kappa}_t}\right) * \frac{\partial g}{\partial \boldsymbol{K}_t}\right] \quad (4.54)$$

となる．ただし，内積に関する演算子 ∘ は，具体的にはつぎの式を表す．

$$\left(\frac{\partial g}{\partial \boldsymbol{\Omega}} + \frac{\partial g}{\partial \boldsymbol{K}_t} * \frac{\partial \boldsymbol{K}_t}{\partial \boldsymbol{\Omega}}\right) \circ \dot{\boldsymbol{\Omega}} = \left(\frac{\partial g}{\partial \boldsymbol{\Sigma}} + \frac{\partial g}{\partial \boldsymbol{K}_t} * \frac{\partial \boldsymbol{K}_t}{\partial \boldsymbol{\Sigma}}\right) : \dot{\boldsymbol{\Sigma}}$$

$$+ \left(\frac{\partial g}{\partial T} + \frac{\partial g}{\partial \boldsymbol{K}_t} * \frac{\partial \boldsymbol{K}_t}{\partial T}\right) \dot{T}$$

上式中の * で結ばれた項はつぎの式を表すことも指摘しておこう．

$$\frac{\partial g}{\partial \boldsymbol{K}_t} * \frac{\partial \boldsymbol{K}_t}{\partial \boldsymbol{\Sigma}} = \frac{\partial g}{\partial K_1}\frac{\partial K_1}{\partial \boldsymbol{\Sigma}} + \frac{\partial g}{\partial \boldsymbol{K}_2} : \frac{\partial \boldsymbol{K}_2}{\partial \boldsymbol{\Sigma}} + \frac{\partial g}{\partial K_3}\frac{\partial K_3}{\partial \boldsymbol{\Sigma}},$$

$$\frac{\partial g}{\partial \boldsymbol{K}_t} * \frac{\partial \boldsymbol{K}_t}{\partial T} = \frac{\partial g}{\partial K_1}\frac{\partial K_1}{\partial T} + \frac{\partial g}{\partial \boldsymbol{K}_2} : \frac{\partial \boldsymbol{K}_2}{\partial T} + \frac{\partial g}{\partial K_3}\frac{\partial K_3}{\partial T}$$

したがって，内部変数に関する発展式 (4.52) の具体形は

$$\dot{\boldsymbol{\kappa}}_t = \tilde{\Delta}\frac{\partial g}{\partial \boldsymbol{K}_t} \otimes \left(\frac{\partial g}{\partial \boldsymbol{\Omega}} + \frac{\partial g}{\partial \boldsymbol{K}_t} * \frac{\partial \boldsymbol{K}_t}{\partial \boldsymbol{\Omega}}\right) \circ \dot{\boldsymbol{\Omega}} \quad (4.55)$$

となる．これから明らかなように，応力と温度 $\boldsymbol{\Omega} = (\boldsymbol{\Sigma}, T)$ の値が時間的に動かない限り，内部変数 $\boldsymbol{\kappa}_t$ もその値を変えない．いま考察しているマルテンサイト変態/逆変態が非拡散型変態であるからである．

式 (4.38)，(4.47)，(4.50)，(4.55) が形状記憶合金の熱・力学的挙動を表す最終的な構成関係である．ギブス自由エネルギー（式 (4.45)）と変態条件（式 (4.50)）の $\boldsymbol{\kappa}_t$ 依存性をどのように表すかが重要な考察点である．

得られた結果に関して，いくつかのコメントをしておこう．発展式 (4.52) を

$$\left.\begin{array}{l} \dot{\boldsymbol{E}}^* = \boldsymbol{\Gamma}_E \dot{\xi}, \quad \dot{\eta}^* = \boldsymbol{\Gamma}_\eta \dot{\xi}, \\ \boldsymbol{\Gamma}_E = \left(\frac{\partial g}{\partial K_1}\right)^{-1}\frac{\partial g}{\partial \boldsymbol{K}_2}, \quad \boldsymbol{\Gamma}_\eta = \left(\frac{\partial g}{\partial K_1}\right)^{-1}\frac{\partial g}{\partial K_3} \end{array}\right\} \quad (4.56)$$

のように変形する．このとき，式 (4.38)，(4.47) を考慮すれば，ひずみテンソルとエントロピー密度に関する構成式系を

$$\dot{E} = D : \dot{\Sigma} + \Theta \dot{T} + \Gamma_E \dot{\xi}, \qquad \dot{\eta} = \left(\frac{\Theta}{\rho_0}\right) : \dot{\Sigma} + c\dot{T} + \Gamma_\eta \dot{\xi} \qquad (4.57)$$

と書くことができる。これは，すでに説明した表現（式 (4.1), (4.11) に対応する) である。材料パラメータ Γ_E は，最大回復ひずみテンソルとして実験より同定できる。

一方, 式 (4.56) を使うと，消散不等式 (4.41a) を

$$\left.\begin{array}{l} D = \tilde{K}\dot{\xi} \geq 0 \\ \tilde{K} = K_1 + K_2 : \Gamma_E + K_3 \Gamma_\eta \end{array}\right\} \qquad (4.58)$$

と変形できる。ここで定義された $\tilde{K}$ が，変態駆動力であり，右辺第 1 項が**化学的駆動力** (chemical driving force) に，第 2 項が**機械的駆動力** (mechanical driving force) に対応している[10]。その説明の前に，変態駆動力の値の正負によって，マルテンサイト変態/逆変態の進行開始をつぎの式のように決めることができることを指摘しておこう。

$$\left.\begin{array}{l} \dot{\xi} \geq 0 \ (\text{マルテンサイト変態}); \ \tilde{K} \geq 0 \\ \dot{\xi} \leq 0 \ (\text{逆変態}); \ \tilde{K} \leq 0 \end{array}\right\} \qquad (4.59)$$

この式は，塑性論の弾塑性判定式に対応するものであり，増分型数値解析を行う際に，考えている熱・力学的負荷増分においてどの変態が進行するかを判定するのに用いる。

変態条件式 (4.50) に対して

$$\left.\begin{array}{l} \dfrac{\partial \tilde{g}}{\partial K_1} = 1 \\ \tilde{g} \text{ は変数 } K_t \text{ に関して 1 次同次式 } \left(\tilde{g} = K_t * \dfrac{\partial \tilde{g}}{\partial K_t}\right) \end{array}\right\} \qquad (4.60)$$

という二つの条件を設けると

$$\tilde{g} = K_1 \frac{\partial \tilde{g}}{\partial K_1} + K_2 : \frac{\partial \tilde{g}}{\partial K_2} + K_3 \frac{\partial \tilde{g}}{\partial K_3} = K_1 + K_2 : \Gamma_E + K_3 \Gamma_\eta$$

となるので, 関係式

$$\tilde{K} = \tilde{g} \qquad (4.61)$$

が得られる。すなわち，アプリオリに仮定した変態条件式 (4.50) は, 条件式

(4.60) のもとで決めた場合，じつは変態駆動力 $\tilde{K}$ を使った変態開始条件にほかならないことがわかる．別ないい方をすると，変態駆動力が臨界値に達するときに変態が始まるという金属学の主張は，変態条件 $\tilde{g}=g_0$ が満たされたとき変態が始まるということと等価である．

さらにつぎのことがわかる．$\tilde{g}$ は，応力-温度空間（Ω 空間）における変態曲面の形状を決める．一方，式 (4.50) 中の g_0 は，変態の進行とともにその値を変える臨界値であり，変態曲面の大きさを評価する．式 (4.60) の2番目の条件は，クラウジウス-クラペイロン関係が応力と温度の線形関係になっていること，換言すると，変態開始線が応力-温度平面で直線となることを表現している．

ヘルムホルツ自由エネルギーについて式 (4.16) としたのと同じように，ギブス自由エネルギー Ψ を，両相のギブス自由エネルギー Ψ_A と Ψ_M を使って

$$\left.\begin{array}{l} \Psi = (1-\xi)\Psi_A + \xi\Psi_M + \Psi^* = \Psi_A + \xi\Delta\Psi + \Psi^* \\ \Delta\Psi = \Psi_M - \Psi_A \end{array}\right\} \quad (4.62)$$

とおく．式中の Ψ^* はバリアント間の相互作用エネルギーを，$\Delta\Psi$ は母相とマルテンサイト相のギブス自由エネルギー差である．式 (4.58) より

$$\begin{aligned} \tilde{K} = &-\rho_0 \Delta\Psi + \boldsymbol{\Sigma} : \boldsymbol{\Gamma}_E + T\Gamma_\eta \\ &- \rho_0 \left(\frac{\partial \Psi^*}{\partial \xi} + \frac{\partial \Psi^*}{\partial \boldsymbol{E}^*} : \boldsymbol{\Gamma}_E + \frac{\partial \Psi^*}{\partial \eta^*} \Gamma_\eta \right) \end{aligned} \quad (4.63)$$

が求まる．式 (4.60) を導いたときにも説明したが，右辺第1項は両相のギブス自由エネルギー差であり，化学的駆動力を表す．金属学の議論では，$\Delta\Psi = 0$ の近くでは温度の線形関数と仮定される場合が多い．これに対して第2項は，応力の効果を表す機械的駆動力である．応力 $\boldsymbol{\Sigma}$ は，外部から材料に加えられる負荷応力ではなく，考えている物質点で発生している応力を表していることに注意する．

最終的な速度型構成式は，式 (4.55)，(4.47) を式 (4.38) に代入することによって求めることができ

$$\left.\begin{array}{l}\dot{E}=(D+\tilde{D}):\dot{\Sigma}+(\Theta+\tilde{\Theta}_E)\dot{T} \\ \dot{\eta}=\left(\dfrac{\Theta}{\rho_0}+\dfrac{\tilde{\Theta}_\eta}{\rho_0}\right):\dot{\Sigma}+(c+\tilde{c})\dot{T}\end{array}\right\} \qquad (4.64)$$

となる。式 (4.64) が，熱塑性論と同型な構成式系であることに注目してほしい。各項の括弧内第2項が変態に起因する量であり，その係数はつぎの式で与えられる。

$$\left.\begin{array}{l}\tilde{D}=\tilde{\varLambda}\dfrac{\partial g}{\partial K_2}\otimes\left(\dfrac{\partial g}{\partial\Sigma}+\dfrac{\partial g}{\partial K_t}*\dfrac{\partial K_t}{\partial\Sigma}\right),\quad \tilde{\Theta}_E=\tilde{\varLambda}\dfrac{\partial g}{\partial K_2}\left(\dfrac{\partial g}{\partial T}+\dfrac{\partial g}{\partial K_t}*\dfrac{\partial K_t}{\partial T}\right), \\ \dfrac{\tilde{\Theta}_\eta}{\rho_0}=\tilde{\varLambda}\dfrac{\partial g}{\partial K_3}\otimes\left(\dfrac{\partial g}{\partial\Sigma}+\dfrac{\partial g}{\partial\Sigma_t}*\dfrac{\partial K_t}{\partial\Sigma}\right), \\ \tilde{c}=\tilde{\varLambda}\dfrac{\partial g}{\partial K_3}\left(\dfrac{\partial g}{\partial T}+\dfrac{\partial g}{\partial K_t}*\dfrac{\partial K_t}{\partial T}\right)\end{array}\right\}$$
$$(4.65)$$

得られた結果をエネルギー保存式 (4.39) に代入すると，方程式

$$\rho_0 T(c+\tilde{c})\dot{T}+\mathrm{Div}\,Q+T(\Theta-\tilde{\Theta}_\eta):\dot{\Sigma}-\tilde{K}\dot{\xi}-\rho_0\sigma=0 \qquad (4.66)$$

を求めることができる。熱流束ベクトル Q に関するフーリエの式

$$Q=-k\cdot\mathrm{Grad}\,T\,;\quad\left(Q_i=-\dfrac{k_{ij}\partial T}{\partial X_j}\right)$$

を仮定すると（k；熱伝導率テンソル），4.1節で触れた温度分布を計算するための熱伝導方程式

$$\rho_0 T(c+\tilde{c})\dot{T}-k:\mathrm{Div}(\mathrm{Grad}\,T)+T(\Theta-\tilde{\Theta}_\eta):\dot{\Sigma}-\tilde{K}\dot{\xi}-\rho_0\sigma=0$$
$$(4.67)$$

を得る。ただし

$$k:\mathrm{Div}(\mathrm{Grad}\,T)=\dfrac{k_{ij}\partial^2 T}{\partial X_i\partial X_j}$$

である。式 (4.67) 中の $\tilde{K}\dot{\xi}$ は変態熱による発熱を表す。

変態条件の具体形を理論的に誘導するためには，微視的変態/変形機構から出発しなければならない[33]。マルテンサイト相バリアントを多数含むような（メゾレベルといってもよい）構造レベルでの考察はつぎのように行われる。マルテンサイト相バリアントを介在物として含む母相が，ある熱・力学的荷重のもとにあって平衡状態を保っているとする。この系に熱・力学的荷重増分を

加えると，母相中に新たにいくつかのマルテンサイト相バリアントが発生する。このような過程に対して，熱・力学的荷重を加える前後の系全体のエネルギー差を評価することによって，変態条件を誘導することができる。

これに対して，より小さい構造レベル（物質点レベルあるいはミクロレベル）で考察することも可能である[33]。マルテンサイト変態は，母相とマルテンサイト相バリアントとの境界面（相界面）が，母相の方向に合金内を移動していくことによって進展する。ある物質点に注目すれば，相界面が自身を通過する前は母相であり，通過したときにマルテンサイト変態し，その後はマルテンサイト相として挙動する。したがって，空間的にみたとき，相界面の前後では相が異なり，物理量の値が不連続となる。例えば，マルテンサイト変態によって変態ひずみが生じるのであるから，相界面の前後ではひずみに不連続が生じている。このような相界面を含む系に対してエネルギー保存則を適用することによっても，変態条件を導くことができる。

実験的に変態曲面を観察する研究も行われている[73]~[75]。鉄系形状記憶合金に関する実験結果は以下のようになる[74],[75]。例えば図 **4.41** は，薄肉円管試験片に軸応力とせん断応力を等温比例負荷したときのマルテンサイト変態開始点を，軸応力-せん断応力平面にプロットしたものである。変態条件は塑性論で常用されているミーゼス条件とは異なっている。このことは Ni-Ti 合金につ

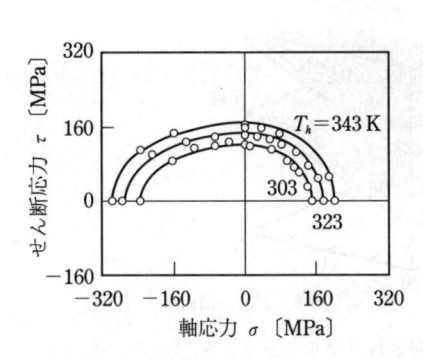

図 4.41 比例負荷のもとでのマルテンサイト変態開始応力（鉄系形状記憶合金）

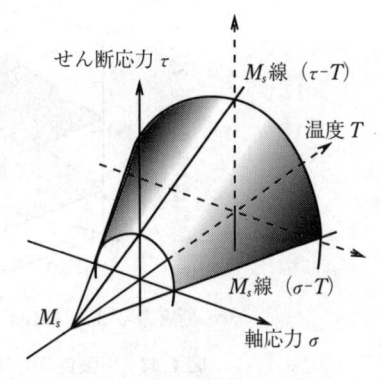

図 4.42 応力-温度空間におけるマルテンサイト変態開始面（模式図）

いても指摘され[76]，応力テンソルの第3不変量の寄与が注目されている。この結果から応力-温度空間におけるマルテンサイト変態開始面を推定したものが図4.42である。クラウジウス-クラペイロン関係より，錐体の母線は直線となっている。

一方，逆変態面に関しては，発生した一つのマルテンサイト相バリアントに対応して一つの逆変態平面が応力-温度空間で観測さる。例えば，引張応力によって発生するマルテンサイト相バリアント（M^{+0}）とせん断応力によって発生するマルテンサイト相バリアント（M^∞）に対応する逆変態開始/終了平面はそれぞれ図4.43，図4.44のようになる。これらは，荷重負荷によってマルテンサイト相バリアントを発生させた後，軸応力 σ_h とせん断応力 τ_h を保持した状態で加熱した際に観測される変態開始/終了温度を応力-温度空間でプロットし，平面として同定したものである。観測結果によれば，図に示したような平行な逆変態開始平面と逆変態終了平面が得られる。明らかに，平面の方向は発生するマルテンサイト相バリアントに依存している。したがって，力学的負荷によって多くのマルテンサイト相バリアントが誘起される場合には，変態開始についてだけ示すと，図4.45に示したような逆変態開始錐面が得られる。図には，図4.43と図4.44で示された逆変態開始平面が，錐面に接する平面と

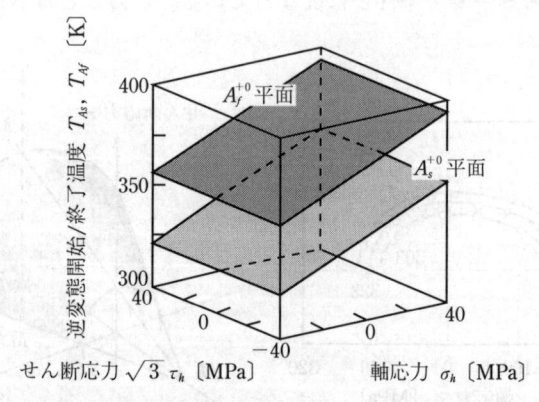

図4.43 引張負荷で誘起されたマルテンサイト相バリアント（M^{+0}）の逆変態開始/終了平面（鉄系形状記憶合金）

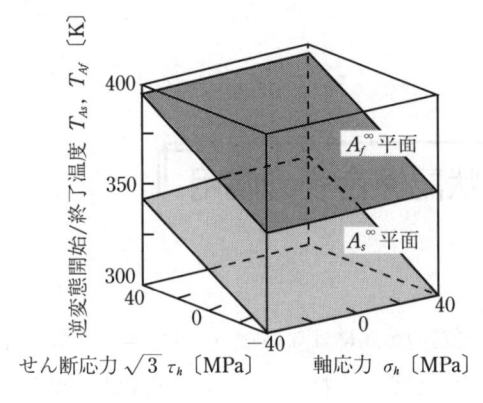

図 4.44 せん断負荷によって誘起されたマルテンサイト相バリアント(M^∞)の逆変態開始/終了平面(鉄系形状記憶合金)

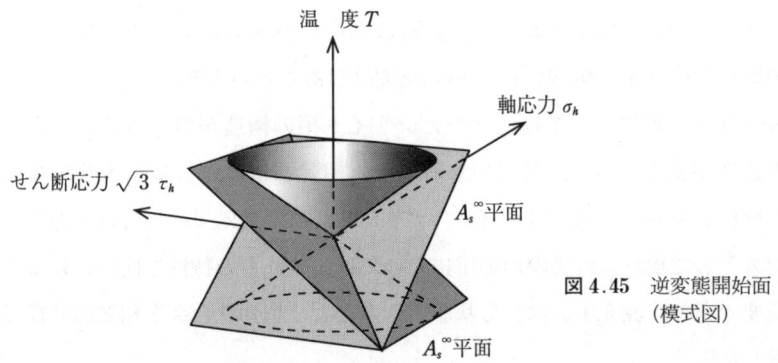

図 4.45 逆変態開始面(模式図)

して描かれている。発生するマルテンサイト相の量は，平面の温度軸方向の移動に関係している。これらの実験結果を式 (4.50) の変態条件の形にまとめ上げることが，目下の研究目標である。

熱力学的一般化力の定義式 (4.43) からわかるように，変態条件式 (4.50) が塑性論と同じように"等方硬化"と"移動硬化"を示すことがわかる。また，変態曲面の中心移動を表現するものとして，"背応力"と"背温度"が存在するが，変態現象における両者の物理的意味を明らかにしなければならない。"流れ則"(式 (4.54))は，変態現象における等価応力と等価ひずみの定義に密接にかかわっている。変態ひずみに関して，変態ひずみベクトルが変態曲面の法線方向に向くという，いわゆる垂直性が成り立つと考えてよいような実験結果が示されてはいるが，より詳しい考察が必要である。

5 形状記憶合金の応用

形状記憶合金・超弾性合金は，通常の金属にはないたいへんユニークな特性のために，医療，住宅関連設備，家電製品，衣料，レジャー，自動車・車両など，多くの分野へ応用されている．特に Ni-Ti 合金は，耐久性に優れ，日本での応用のほとんどが Ni-Ti を用いた製品であるといえる．

Ni-Ti 系合金においては，マルテンサイト相の構造が異なることにより，その特性が変化する．顕著に現れるのは，相変態におけるヒステリシスである．形状記憶効果の場合は温度ヒステリシス，超弾性効果の場合は応力ヒステリシスとして現れる．実際の応用においては，これらの特性を使い分けることが重要である．表5.1には，形状記憶合金および超弾性合金を相変態の種類で分類した[1]．

以下に，形状記憶効果，超弾性効果の応用例について，マルテンサイト相変態の種類の観点から分類しながら紹介する．

5.1 形状記憶効果とその応用

形状記憶合金の温度ヒステリシスは，2〜40℃まで広範囲にわたっている．使用するマルテンサイト相の構造が，R相，斜方晶マルテンサイト相および単斜晶マルテンサイト相の3種類に分類することができる．用途に適した特性を選択し，使用する合金を決定することが重要である．マルテンサイト相の構造が，Ni-Ti 二元合金の R 相，Ni-Ti-Cu 合金の斜方晶マルテンサイト相の場合は，耐久性に優れているため，繰り返し使用される温度センサ兼メカニカル

表5.1 いろいろなNi-Ti系合金の特性比較

形状記憶合金

古河電気工業品名	合金の種類	相変態	温度ヒステリシス[°C]	回復ひずみ[%]	変態温度の範囲[°C]	熱疲労寿命[cycles]	長所	応用例
NT-M1, M2 NT-LS	Ni-Ti Ni-Ti-Fe	R相⇔オーステナイト	2~3	1	0~70	>1 000 000	長寿命	センサ、アクチュエータ
NT-H6, H8	Ni-Ti-Cu	斜方晶マルテンサイト⇔オーステナイト	10~15	5~6	50~80	10 000~50 000	大ストローク	センサ、アクチュエータ
NT-M3	Ni-Ti	単斜晶マルテンサイト⇔オーステナイト	20~40	6~8	-10~100	<100	高い回復力	コネクタ、継手

超弾性合金

古河電気工業品名	合金の種類	相変態	応力ヒステリシス[MPa]	ステージ応力[MPa]	変態温度の範囲[°C]	回復ひずみ[%]	長所	応用例
NT-E4, E9 NT-L	Ni-Ti Ni-Ti-Fe	オーステナイト⇔単斜晶マルテンサイト	245~428	294~588	-20~50	6~8	長寿命	各種ばね、アンテナ心線
NT-N NT-RA, R	HighNi-Ti Ni-Ti-Cu	オーステナイト⇔単斜晶マルテンサイト		490~882	-20~50	6~8	高ステージ応力	ブラジャー、眼鏡フレーム
NT-HR2, HR3	Ni-Ti-Cu-Cr	オーステナイト⇔斜方晶マルテンサイト	98~294	294~568		5~6	狭い応力ヒステリシス	歯列矯正ワイヤ

アクチュエータとして使われる。単斜晶マルテンサイト相は，コネクタや継手など一回切りの使い方をされる。

5.1.1 R相↔オーステナイト相変態

図5.1は，Ni-Tiコイルばねにおいて，98.1 MPaの一定荷重下で，温度を推移させたときの，温度-せん断ひずみ曲線を示している[1]。Ni-Ti合金のR相↔オーステナイト相変態は，1〜3°Cの最も小さい温度ヒステリシスを示し，図5.2に示すように熱サイクルに対して優れた耐久性を示す。これは，二方向素子として，温度センサ兼アクチュエータに最適である。回復ひずみは約1%とたいへん小さいため，コイルばねとして使われる。100万回後の熱サイクルでも，回復特性はまったく変化しない[2],[3]。

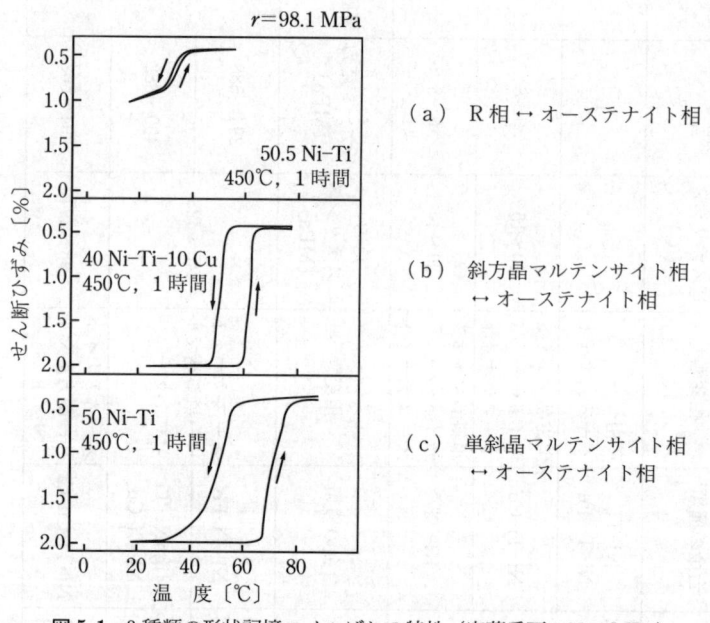

図5.1 3種類の形状記憶コイルばねの特性（定荷重下：98.1 MPa）

（1）**エアコンデショナーのセンサフラップ**（A_f：35°C）　形状記憶合金コイルばねの量産品として最初の製品は，図5.3に示すエアコンデショナーの

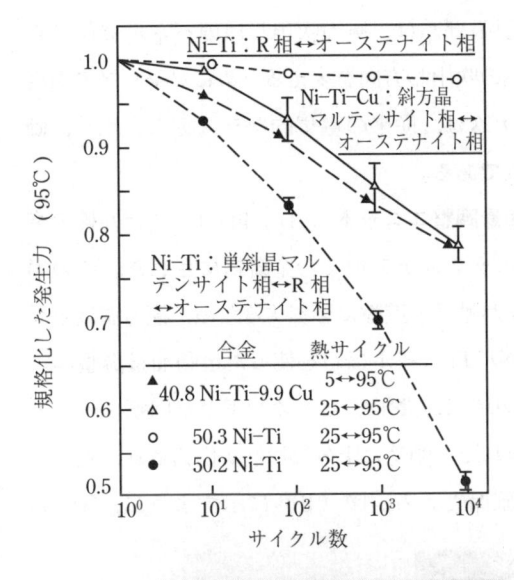

図5.2 3種類の形状記憶コイルばねにおける熱サイクルによる疲労特性の比較

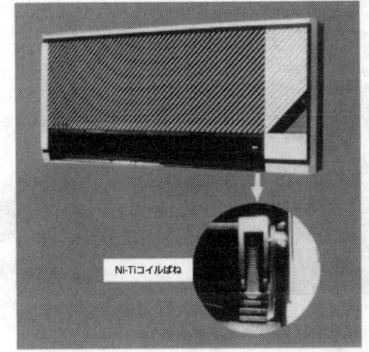

凡例:
- ▲ 40.8 Ni-Ti-9.9 Cu　5↔95℃
- △ 40.8 Ni-Ti-9.9 Cu　25↔95℃
- ○ 50.3 Ni-Ti　25↔95℃
- ● 50.2 Ni-Ti　25↔95℃

縦軸: 規格化した発生力（95℃）
横軸: サイクル数

- Ni-Ti: R相↔オーステナイト相
- Ni-Ti-Cu: 斜方晶マルテンサイト相↔オーステナイト相
- Ni-Ti: 単斜晶マルテンサイト相↔R相↔オーステナイト相

(a) 外観

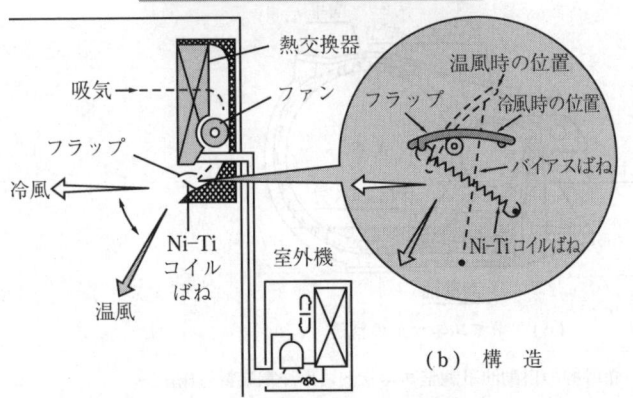

(b) 構造

図5.3 エアコンディショナーのセンサフラップ（松下電器産業㈱）

センサフラップである。Ni-Ti 引張ばねは，風の吹出し口のパネルに付けられており，風の温度を感知し，風の吹出し方向を変えるためにフラップの角度を変える。このシンプルなシステムは，従来の電気的なシステムに比べ，価格，信頼性，低ノイズの点で優位である。

（2） **新幹線駆動装置の自動油量調整ユニット**（A_f：40℃）　　新幹線の高速化のために，歯車装置のギヤボックスがアルミ合金鋳物にされた。この場合，アルミと鉄との熱膨張係数差が軸受の遊隙に影響するため，極力温度上昇を抑える必要がある。このため Ni-Ti コイルばねを使った自動油量調整ユニットが開発された（図5.4）[4]。この歯車装置は，ピニオンギヤが回転することにより大量の潤滑油がかき上げられて，軸受に十分潤滑油が供給され，焼付きの可能性が高い低温時の潤滑が確保される。図（b）に示すように，Ni-Ti

（a）700系のぞみ 　　　　　　（b）二方向ユニット

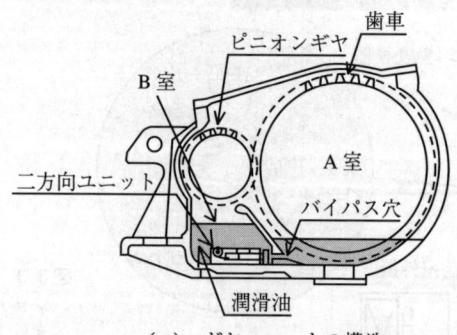

（c）ギヤユニットの構造

図5.4　新幹線の自動油量調整ユニット（東洋電機製造㈱）

コイルばねとベルトタイプの SUS 製バイアスばねが組み合わされたユニットが，A 室と B 室の仕切りの開閉を行う．油温が低く，粘度が高いときは，仕切りは開状態で，ピニオンギヤはオイルに十分浸されている．走行速度が上昇し，油温が上がってくると，A 室の油量を少なくするために，仕切りは閉められる．A 室の油量が減ると，かくはんロスが低減し，歯車装置の温度上昇が抑えられる．このユニットが適用された 300 系の現車試験の最高温度は約 80℃で，最高速度が 50 km/h 早くなったにもかかわらず，0 系の 110℃に比べて 30℃低減した．最新の新幹線のぞみ 500 系，700 系にも搭載されている．

（3） **混合水栓**（A_f：45℃）　サーモスタット混合水栓は，水温変化を感知し自動的に出水する水温をコントロールする．ワックスタイプの混合水栓の最大の問題点は，応答速度が遅いことである．このワックスエレメントは，パラフィン系のワックスが銅の容器の中に詰められ，片端はゴム製のダイヤフラムで閉じられている．このアクチュエータは，温度変化による固体-液体変態の体積膨張で作動する．反応速度が遅いためオーバシュート温度は約 8℃である．

図 5.5 は，Ni-Ti コイルばねを使った新しいタイプの混合水栓である[5]．温度調整つまみをまわすことにより，Ni-Ti コイルばねとバイアスばねのトータル長さを変化させ，出水温度を制御する．混合された湯が，直接 Ni-Ti コイルばねに接触しながら流れる構造になっている．これによりオーバシュート

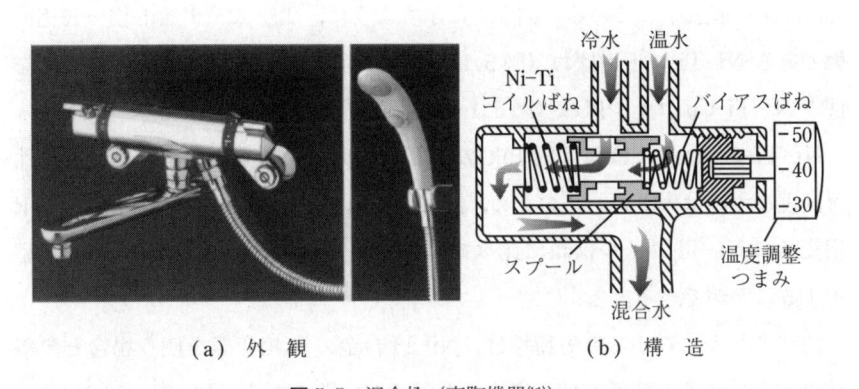

(a) 外　観　　　　　　　(b) 構　造

図 5.5　混合栓（東陶機器㈱）

は2°C以下になり，温度差を人がはっきりと感じられなくなった。

（4） 床下換気口 $(A_f : 12°C)$　住宅の床下部分は耐久性向上の観点から，床下換気口を設けることが一般的である。床下からの放熱は家全体の18.1%にもなるので，この放熱を減少するために，冬期外気温が低下したときに床下を閉じると効果的である。

このエネルギーロスを避けるため，Ni-Ti-Fe コイルばねを使って図5.6のような自動開閉床下換気口が開発された。外気温が下がり3°C前後になるとNi-Ti-Fe コイルばねは力が弱まりバイアスばねの力で換気口を閉める。温度が15°C前後に上がると換気ルーバが開き，床下の通風を確保し，湿気を追放する。

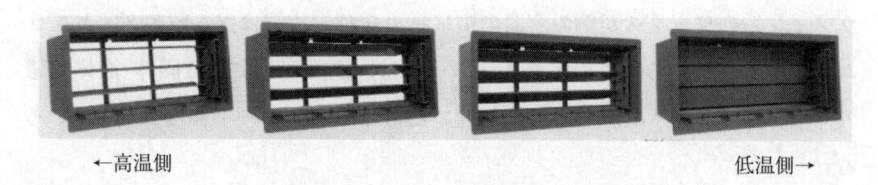

←高温側　　　　　　　　　　　　　　　　　　　　低温側→

図5.6　床下換気口（佐原プレス工業㈱）

5.1.2 斜方晶マルテンサイト相↔オーステナイト相変態

Cu を 8at%以上含む Ni-Ti-Cu 合金のマルテンサイト相は**斜方晶**（Orthorhombic）構造をしている。図5.1に示すように，オーステナイト相↔R相変態である Ni-Ti コイルばね（図5.1（a））と斜方晶マルテンサイト相変態を使う Ni-Ti-Cu コイルばね（図5.1（b））の違いは明確である。

Ni-Ti-Cu コイルばねは約10°Cの温度ヒステリシスをもち，R相変態に比べ回復ひずみは大きい。このため，同じ発生力を出すために設計した場合，R相変態の Ni-Ti コイルばねに比べて，Ni-Ti-Cu コイルばねは，ばねを小型化することができる。

熱サイクルに対する疲労特性は，Ni-Ti 合金の R 相変態を使う場合と単斜晶マルテンサイト変態を使う場合のちょうど中間である。10 000〜50 000サイ

クルを要求されるアクチュエータに使うことができる。

（1） 炊飯器（A_f：80℃）　図5.7はNi-Ti-Cuコイルばねを調圧口に使った炊飯器である。図（b）はその動作原理を模式的に示した。炊飯時内部の温度が上がってくると，Ni-Ti-Cuコイルばねは伸び，炊飯器内部の蒸気を外へ逃がす。蒸気の圧力を最適化することによりおいしいご飯ができる。ご飯が炊けたあと，温度が下がるとともにバルブは閉まり，湿度が低下するのを防いでいる。

(a) 外　観

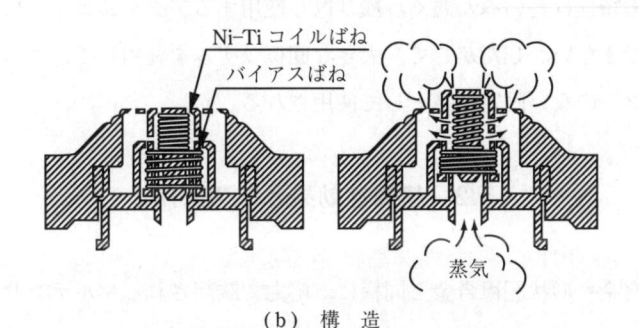

(b) 構　造

図5.7　炊飯器（タイガー魔法瓶㈱）

（2） 熱水カット弁（A_f：82℃）　図5.8は火傷防止のための熱水カット弁をもつ風呂釜である。この風呂釜は浴室内に設置されるコンパクトなタイプであるが，操作ミスにより，熱すぎる湯が出水してしまうことがある。Ni-Ti-Cuコイルばねを使った熱水カット弁はシャワーホースの根元にセットされ，火傷を防止する。

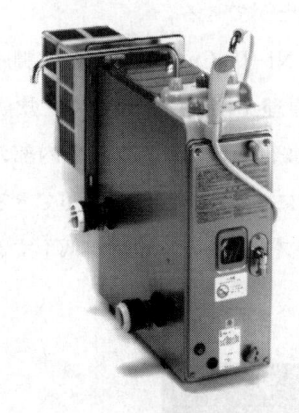

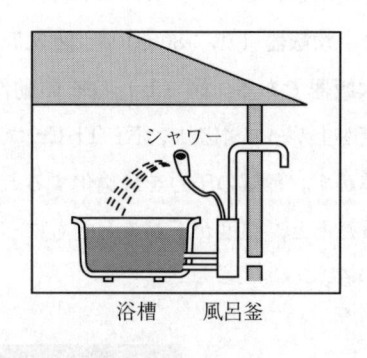

図5.8 熱水カット弁搭載の風呂釜（㈱リンナイ）

5.1.3 単斜晶マルテンサイト相↔オーステナイト相変態

Ni-Ti 二元合金の**単斜晶**（Monoclinic）マルテンサイト相↔オーステナイト相変態における温度ヒステリシスは20℃以上ある。また，温度サイクルに対する疲労特性はたいへん悪く，繰り返し使用するアクチュエータには使用することができない。したがって，大きな回復ひずみを利用して，コネクタなどの熱サイクルのない固定部品として使用される。

5.2　超弾性効果とその応用

　超弾性合金も形状記憶合金と同様に，応力で誘起されるマルテンサイト相の種類によって，その特性が変わる。代表的な超弾性合金としては，Ni 過剰のNi-Ti 二元合金や1%以下の第三元素を添加した合金がよく使われる。これらは応力誘起マルテンサイト相が単斜晶であり，**図5.9（a）**のような特性を示す。Ni-Ti-Cu 系合金は，マルテンサイト相が斜方晶構造であり，図（b）のように小さな応力ヒステリシスを示す。応力ヒステリシスが小さい合金は，変形するときに使われるエネルギーを有効に使うことができる。例えば，歯列矯正ワイヤのような用途にはたいへん有効である。また，Ni-Ti-Cu 三元合金は

図 5.9 3種類の超弾性の比較

変態温度が高いため,変態温度を下げる目的で Ni-Ti-Cu 合金に Fe あるいは Cr を添加した合金が開発された.R 相変態を利用する超弾性は,図(c)のように変態ひずみがたいへん小さく,出現する温度範囲が狭いので,実用的には使うことができない.

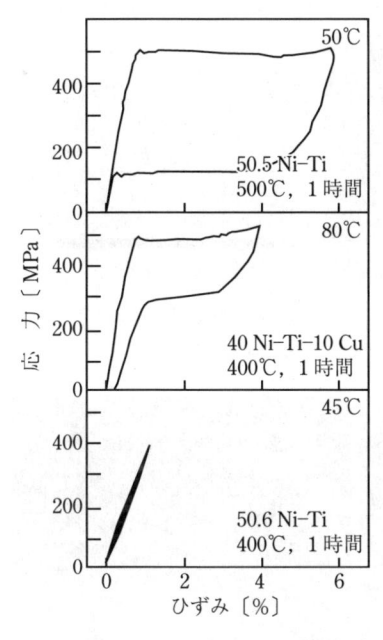

5.2.1 オーステナイト相↔単斜晶マルテンサイト相変態

(1) **ブラジャー**　2千万本を超える Ni-Ti ワイヤが日本で女性用ブラジャー(**図 5.10**)に使われた.ブラジャーの下部に入れられ,超弾性のソフトさ,フィッティングのよさ,シルエットのきれいさが,従来の鉄製のワイヤに比べて優れている.また,図(b)に示すような線やテープが,ブラジャーのほかの部分やガードルにも採用された.

(2) **眼鏡フレーム**　**図 5.11** に示すように,超弾性合金は眼鏡フレームに使われている.大きく変形をしても力を除くともとの形状を保つ.優しいフ

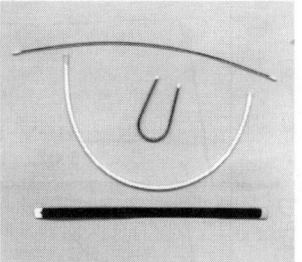

(a) 外 観　　　　　(b) Ni-Ti 線とテープ

図 5.10　ブラジャー（㈱ワコール）

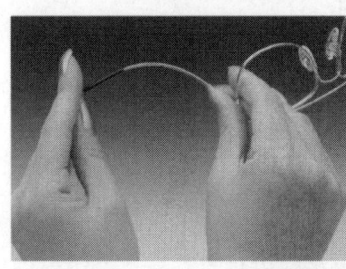

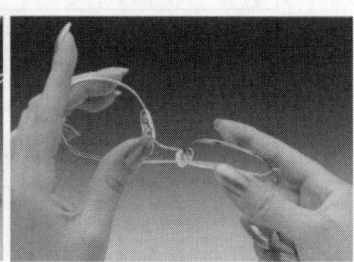

図 5.11　眼鏡フレーム（増永眼鏡㈱）

ィットが，眼鏡をかけている圧迫感を忘れさせる。子供用にも好評で，踏みつけたり，ボールがぶつかっても壊れない。女性にしか味わえなかった超弾性の柔らかさと快適感が，男性にも感じられるようになった。

（3）**鮎釣り用のメタルライン**　　Ni-Ti 超弾性極細線を使った量産品としては，鮎釣り用のメタルラインがある[4]（図 5.12）。おとり鮎を使った鮎釣りに使われる。Ni-Ti 超弾性ワイヤはナイロン線より強く，従来のメタルラインに比べて大きな弾性範囲をもつ。ショックや伸びに強く，ナイロン線のフィーリングをもったメタルラインである。線径 0.045 mm から 0.085 mm がラインアップされ，その表面の色もゴールドやブルーが，表面酸化層を制御することにより開発された。

（4）**携帯電話のアンテナ心線**　　超弾性製品の中で最も増加量の大きい製品は携帯電話のアンテナ心線である[6]（図 5.13）。出し入れするようなホイップタイプのアンテナにはすべて超弾性ワイヤが使われている。以前はピアノ線

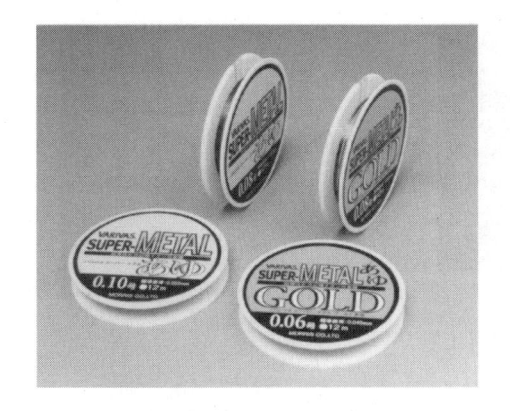

図 5.12　鮎釣り用のメタルライン
　　　　（㈱モーリス）

図 5.13　携帯電話アンテナ用の心線
　　　　（NTT 移動通信網㈱）

や SUS 線が使われていたが，小型の携帯電話が開発されるとともに，頻繁にアンテナを出し入れしたり，ポケットに引っかけたりしているうちに，アンテナを曲げてしまう事故が増えてきた．これに対し，大きな弾性範囲をもつ超弾性ワイヤを使ったアンテナが開発された．

（5）**歯列矯正ワイヤ**　超弾性製品でフルにその特性を使っているのが，歯の不整合を直すための歯列矯正ワイヤである．図 5.14 のように，歯列矯正医はブランケットと呼ばれる金属部品を歯の表面に張り付け，これに引っ張った状態の歯列矯正ワイヤをセットする．従来使われていた SUS や Co-Cr は，使えるひずみ範囲がたかだか 0.5％であるため，ばね性を出すために U 字型に曲げたり，ループをつくり使用されていたが，これが患者に不快感を与えて

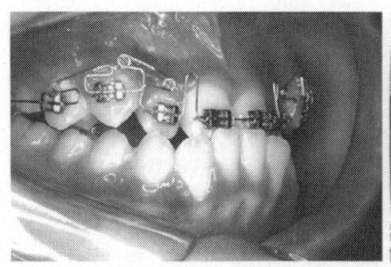

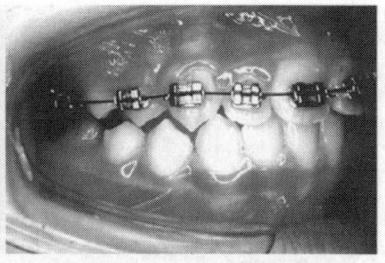

124　　5. 形状記憶合金の応用

(a) 従来のワイヤ　　　　　　(b) 超弾性 Ni-Ti 線
図5.14　歯列矯正ワイヤ（東京医科歯科大学）

いた。超弾性合金は直線状でも十分な回復ひずみと回復力をもつ。さらに，治療期間が短くなり，歯の移動とともに付け替える回数がたいへん少なくなった。

5.2.2 オーステナイト相↔斜方晶マルテンサイト相変態

Ni-Ti-Cu 合金の斜方晶マルテンサイト変態を使った歯列矯正ワイヤが開発された[4]。図5.15 は曲げ特性を Ni-Ti 合金と Ni-Ti-Cu 合金ワイヤで比較して示している。Ni-Ti-Cu 合金は取付けに必要な引張力が Ni-Ti 合金に比べて少ないため，ドクターが取り付けやすく，患者に与える不快感が少ない。応力ヒステリシスの狭い特性が，ワイヤの取付けやすさ，歯の移動に対し十分な回復量と，従来の Ni-Ti 合金と同等の回復力を示す。

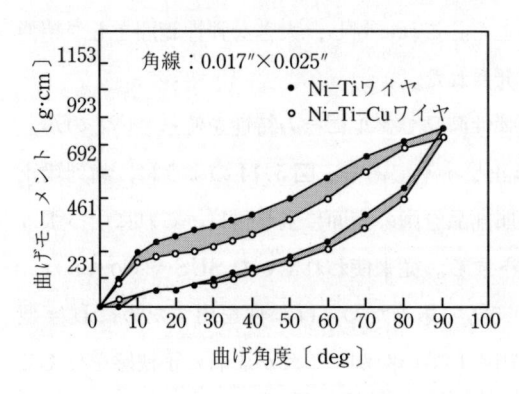

図5.15　Ni-Ti-Cu と Ni-Ti 合金ワイヤの曲げ特性の比較 (ORMCO Co.)

5.3 新しいNi-Ti合金の特性

5.3.1 第3の特性FHP-NT

現在でもNi-Ti合金の開発・研究が広く行われているが，医療用ガイドワイヤの心材として，新しい合金線FHP-NTが開発された[7]。図5.16は，その応力-ひずみ曲線を，ステンレスや従来の超弾性合金と比較して示した。FHP-NTは，超弾性のように降伏点をもたないため高剛性で，かつ，ひずみ4%変形後も荷重を除荷したときの残留変位はほぼゼロという優れた特性をもつ。また，形状的にも直線性がたいへんよい。FHP-NTを使った医療用ガイドワイヤは，ドクターが血管内に押し込むためのプッシャビリティが高く，ワイヤの方向を制御するためのトルク伝達性に優れている。医療用ガイドワイヤ

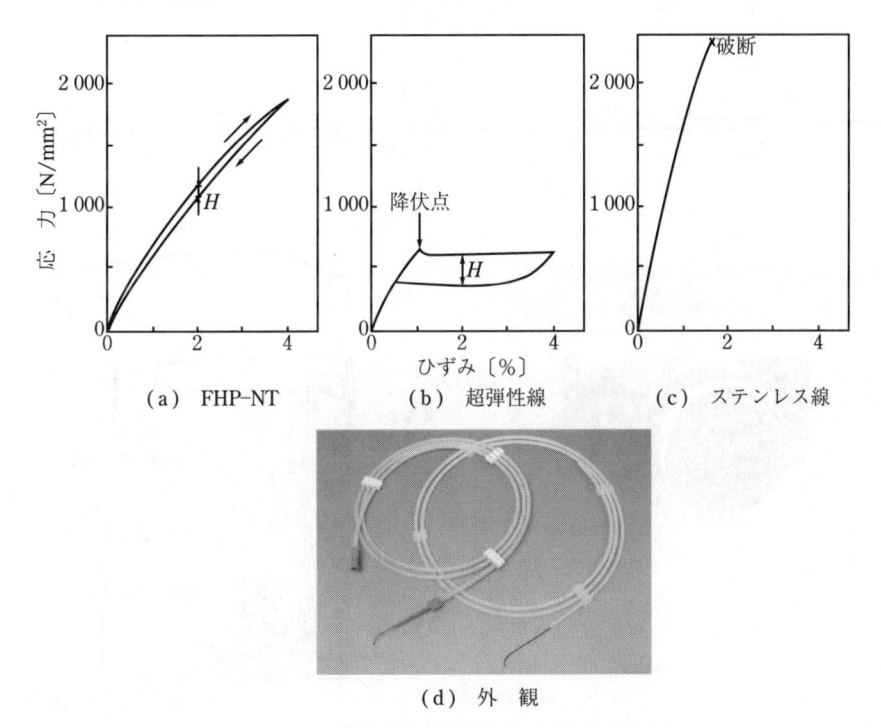

(a) FHP-NT　　(b) 超弾性線　　(c) ステンレス線

(d) 外観

図5.16 FHP-NTの応力-ひずみ曲線とガイドワイヤ製品の外観写真

として，今後の数量の拡大が期待されている．

5.3.2 通電アクチュエータ用ワイヤNT-H7-TTR

形状記憶合金ワイヤに直接電流を流してアクチュエータとして使用すると，従来の小型アクチュエータに比べ高出力が期待される（**図5.17**）．あわせて，小型軽量，構造簡素化，静粛性も大きなメリットである．新規に開発したNT-H7-TTRは，従来から問題になっていた繰返しによる変位の安定性を大きく改善し，長期間の使用に耐えることができる．ミノルタから発売された35

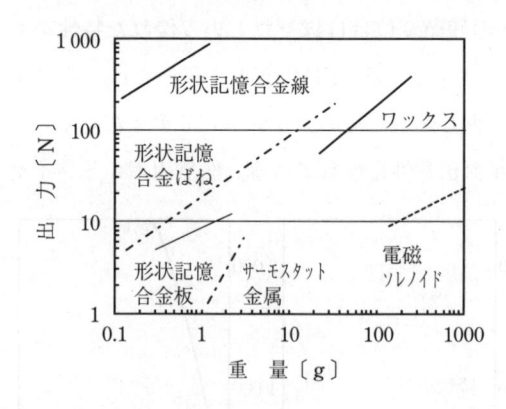

図5.17 各種アクチュエータ材料の比較

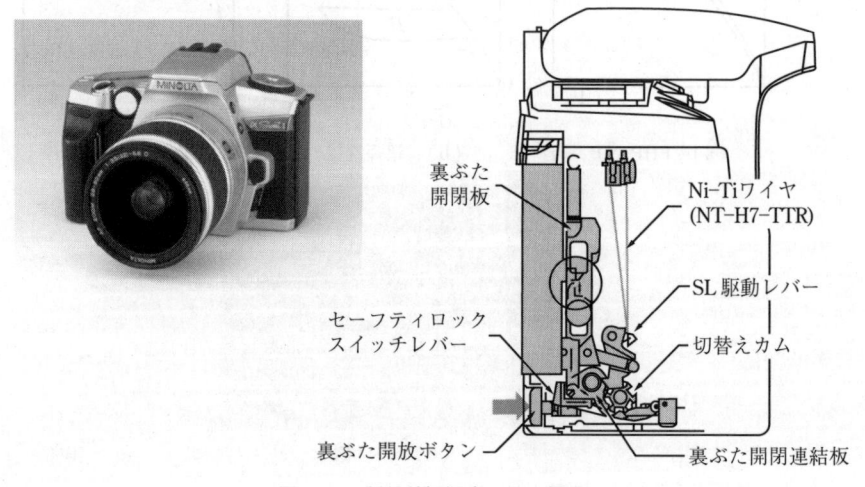

図5.18 製品外観写真とその構造

mm AF 一眼レフ"α-Sweet II（**図 5.18**)"は，小型化を大きな目的の一つとして，フルモデルチェンジされた．その一環として，セーフティロック機能（フィルムがセットされてから巻戻しが完了されるまで，裏ぶたが開かないよう開閉機構部にロックをする）のためのアクチュエータに，世界で最初に NT-H 7-TTR ワイヤを採用し，省スペースとシンプルな構造を達成した[7]．

6 形状記憶ポリマー

6.1 形状記憶ポリマーの種類と特性

　形状記憶ポリマーは形状の変化する駆動源の違いから**熱活性ポリマー** (thermal-active polymer) あるいは**熱応答ポリマー** (thermal-responsive polymer) と**電気活性ポリマー** (electro-active polymer) あるいは**電気応答ポリマー** (electro-responsive polymer) とに大別される[1)~4)]。

　熱活性ポリマーでは熱エネルギーの変化に基づいて分子鎖の運動性が変化し，結果として材料の形状が変化する。実用されている形状記憶ポリマーの多くはこの熱活性ポリマーである。応用では温度の変化に基づいて生じる形状固定あるいは形状回復などの性質を利用することが多い。

　電気活性ポリマーでは電気エネルギーの変化に基づいて種々の物理的性質が変化し，このために材料の形状が変化する。電気活性ポリマーでは外部からの刺激として電場，光，pHおよび応力などが作用し，このために分子鎖の電子的，化学的，および電気光学的な性質が変化し，物理的性質の変化として形状の変化が現れる。

　ほかの形状記憶材料と比べて形状記憶ポリマーでは特に軽く，耐食性が良好であり，各種の形態が可能であり，成形性に優れており，さらに形状の回復量が大きい。形状の回復する駆動源としては熱エネルギーおよび電気エネルギーがある。形状記憶ポリマーの機能特性は研究開発段階にあり，使用目的に対応してより高機能を発現する形状記憶ポリマーの開発が期待される。

6.2 熱活性ポリマー

6.2.1 形状記憶の機構と特性

　実用化されている形状記憶ポリマーの多くは熱活性ポリマーである。熱活性形状記憶ポリマーの典型的な変形特性を図1.4に示した。図1.4に示すように材料をガラス転移温度 T_g 以上の温度で変形させ，変形した材料の形状を保持して T_g 以下の温度まで冷却するとその形状が固定される。さらに材料を T_g 以上の温度まで加熱するともとの形状を回復する。

　このような変形特性は材料のガラス転移に基づいて現れる。ガラス転移はポリマーを構成する分子鎖の運動性が温度に依存して変化することにより現れる。

　すなわち，T_g 以上の温度では分子鎖の運動性は活性化されており，容易に変形する。T_g 以下の温度では分子鎖の運動性は凍結されており，変形抵抗が大きい。形状記憶ポリマーは架橋点または結晶部分をもっている。架橋点あるいは結晶部分があるために高温での変形で分子鎖はたがいにすべり抜けることがない。したがって，形状を記憶する機能をもつことになる。

　実用化されている形状記憶ポリマーにはポリウレタン，ポリノルボルネン，トランスポリイソプレン，スチレン-ブタジエン共重合体などがある。

　形状記憶ポリマーの基本特性を表す弾性係数と温度との関係を模式的に図6.1に示す。図に示すように，ガラス転移温度 T_g の上下の温度において弾性係数は大きく異なる。T_g 以下の温度では結晶相とガラス状非晶相のエネルギー弾性のために弾性係数が高い。T_g 以上の温度では非晶相のミクロブラウン運動に基づくエントロピー弾性のために弾性係数が低い。形状記憶ポリマーでは，① T_g が室温付近にあり，②ガラス転移領域の温度域が狭く，③ガラス領域とゴム領域で弾性係数などの力学的性質が大きく異なるように設定されている。

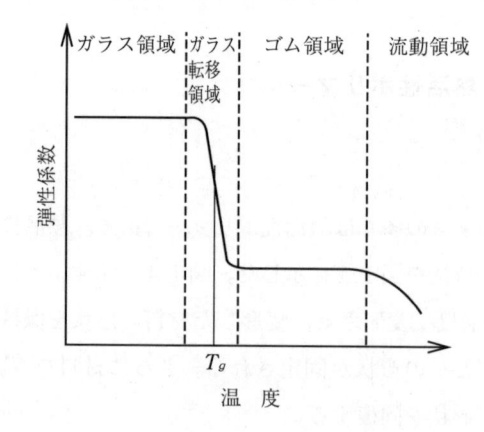

図6.1 弾性係数と温度との関係（ガラス転移温度 T_g）

6.2.2 力学的機能特性

本項においては，形状記憶ポリマーの力学的機能特性を示す。実験データには，形状記憶ポリマーとして最も多く実用されているポリウレタン系形状記憶ポリマー[5]について得られた結果を示す。

（1）**動的粘弾性特性**　振動的なひずみあるいは応力を与えた場合の粘弾性的な応答特性を**動的粘弾性**（dynamic viscoelasticity）という。動的粘弾性試験では，例えば，正弦波形のひずみ $\varepsilon(t)=\varepsilon_0{}^{i\omega t}$ を与えて対応する応力を測定する。この場合にひずみ ε に対応する応力 σ の比として定義される弾性係数 $E^*=\sigma/\varepsilon$ は複素数となり，その実数部 E' および虚数 E'' をそれぞれ貯蔵弾性係数および損失弾性係数という。応力とひずみの位相のずれ δ は

$$\tan \delta = \frac{E''}{E'} \tag{6.1}$$

で表される[6]。

動的粘弾性試験で得られた貯蔵弾性係数 E' および損失正接 $\tan \delta$ と温度との関係を**図6.2**に示す[7]。E' および $\tan \delta$ は $T_g=298\,\mathrm{K}$ の近傍で大きく変化する。

E' は T_g 以下の温度では約 2 GPa であり，T_g 以上の温度では約 20 MPa である。したがって，T_g の上下の温度における E' の割合は約 100 である。こ

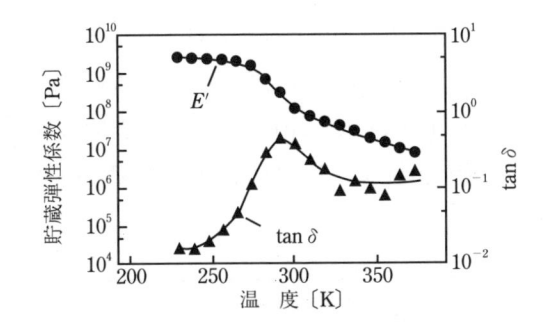

図6.2 貯蔵弾性係数および損失正接と温度との関係

れより，高温では容易に変形し，低温では変形抵抗が大きく，変形しにくいことがわかる。

一方，$\tan\delta$ は T_g 近傍の温度で急激に大きくなる。T_g で $\tan\delta$ は約 0.6 である。$\tan\delta$ は変形に要した仕事の散逸割合を示す。したがって，変形時の発熱や振動の吸収特性に関係する。$\tan\delta$ の値 0.6 は通常の防振ゴムの $\tan\delta$ と比較して大きいので，T_g での材料は防振性と振動の吸収性に優れ，発熱しやすいなどの特徴がある。

（2）応力-ひずみ関係 T_g および $T_g\pm 20\,\mathrm{K}$ の温度で，最大ひずみ 200%の引張試験で得られた応力-ひずみ曲線を図 6.3 に示す。温度が低いほど弾性係数，降伏応力および 100% モジュラスは大きく，変形抵抗が大きい。$T_g-20\,\mathrm{K}$ の場合には明瞭なオーバシュートを伴う降伏現象がみられる。T_g 以上の温度では低い応力で緩やかな降伏が現れ，ひずみが 20% を超えるとひずみの増加に比例して応力は増加する。

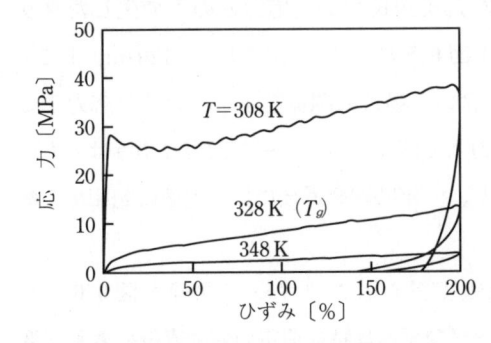

図6.3 温度 T_g および $T_g\pm 20\,\mathrm{K}$ での応力-ひずみ曲線

除荷過程では，いずれの温度においても除荷開始直後には大きな傾きをとり，応力が小さくなると傾きは小さくなる。ひずみ速度 $\dot{\varepsilon}$ が異なる場合の応力-ひずみ曲線を図 6.4 に示す[8]。T_g および $T_g \pm 20\,\mathrm{K}$ のいずれの温度においても，ひずみ速度 $\dot{\varepsilon}$ が高くなると変形抵抗は大きくなり，応力-ひずみ曲線は立ってくる。

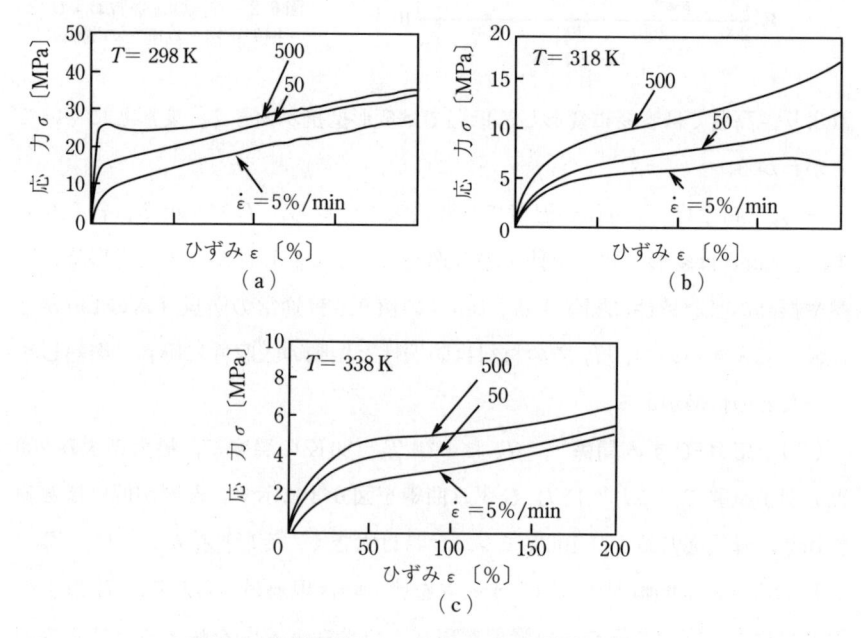

図 6.4 単軸引張りでの応力-ひずみ曲線（$T_g = 318\,\mathrm{K}$）

（3） クリープ　T_g および $T_g \pm 20\,\mathrm{K}$ で一定応力 σ の下で生じたクリープひずみ ε_c と時間 t との関係を図 6.5 に示す[9]。図では $t = 120\,\mathrm{min}$ まで σ を加え，$t = 120\,\mathrm{min}$ で応力を取り除いた場合の関係を示している。応力下で生じるクリープひずみおよび無応力下で減少するクリープ回復ひずみはともに負荷および除荷直後に著しく変化し，一定時間経過後には一定値に飽和する傾向にある。

$T_g - 20\,\mathrm{K}$ の長時間クリープ試験で得られたクリープ曲線を図 6.6 に示す[10]。図からわかるように，クリープひずみは特に荷重の変動直後に著しく変

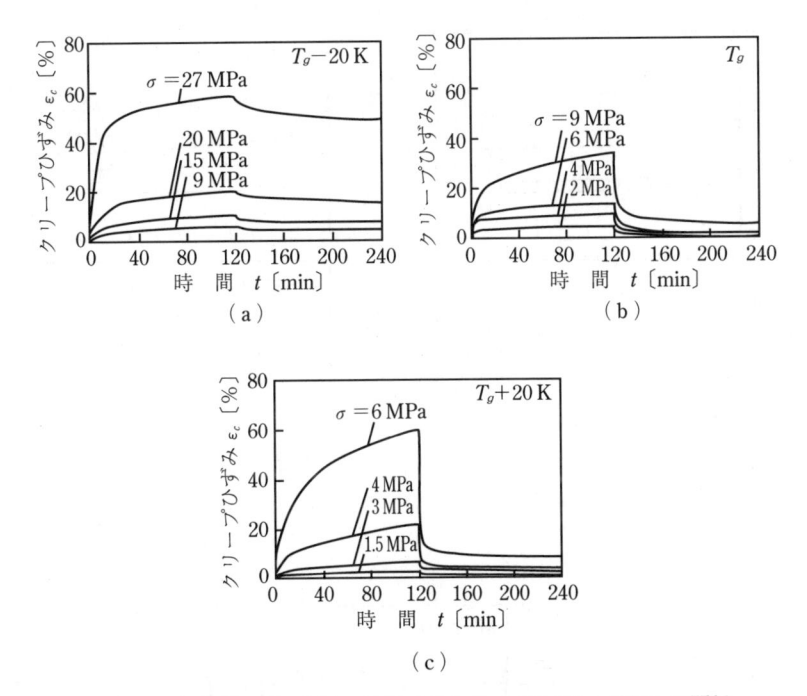

図 6.5 温度 T_g および $T_g \pm 20$ K でのクリープひずみと時間との関係

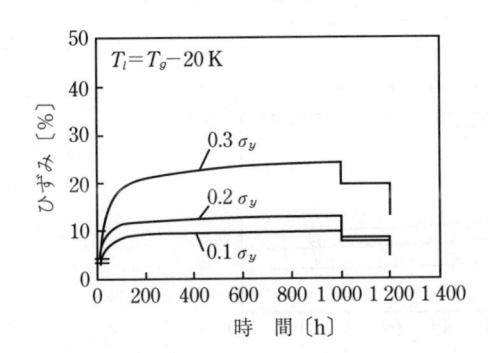

図 6.6 低温のクリープ試験で得られたひずみと時間との関係

化し,その後の変化量は少ない.除荷後のクリープ回復ひずみは小さく,大部分のクリープひずみは残留する.この残留ひずみは無応力下で加熱すると回復する.

(4) 応力緩和　一定ひずみ ε_0 を保持する応力緩和試験で得られた応力と時間との関係を図 6.7 に示す[9]。いずれの ε_0 に関しても初期の約 3 min 間

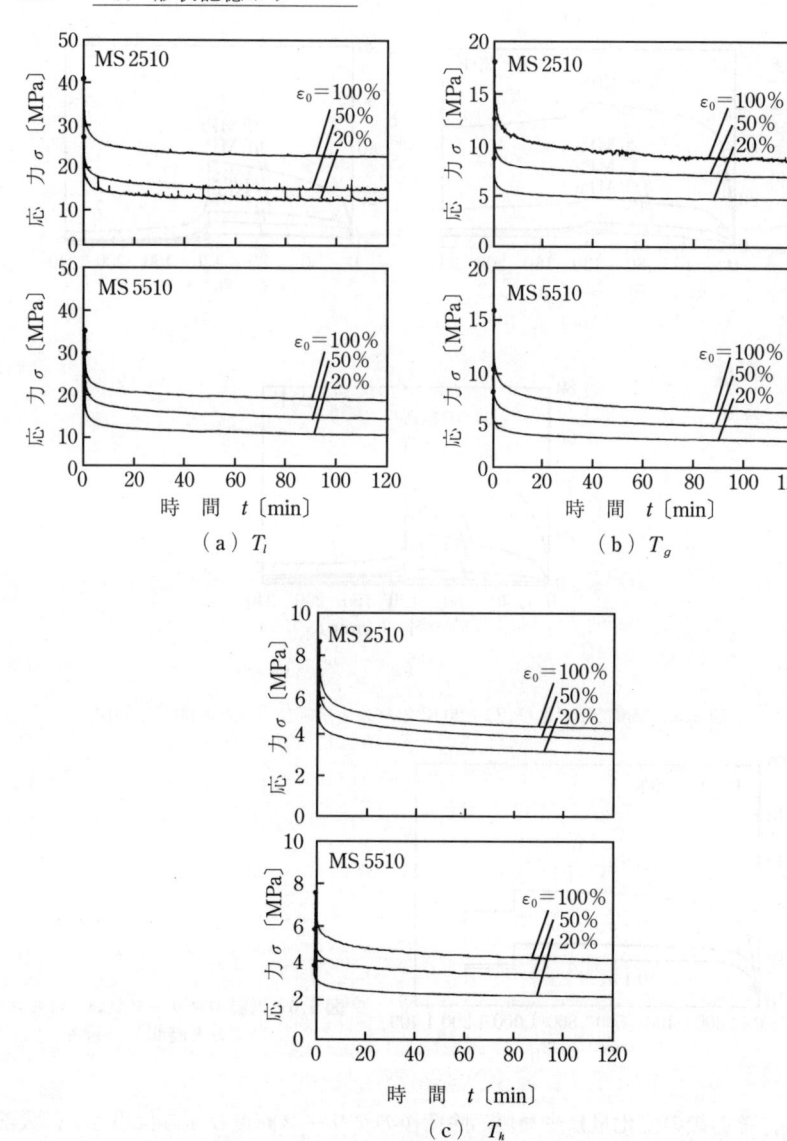

図 6.7 応力と時間との関係

において応力は急激に減少し,その後には応力の減少は少なくなり,応力は一定値に飽和する。120 min の間で減少した応力は初期応力の約半分である。

(5) 形状固定性および形状回復性　　形状固定性および形状回復性を調べ

る試験の応力-ひずみ関係を図 6.8 に示す。最初に T_g 以上の温度で最大ひずみ ε_m まで負荷する。その後 ε_m を一定に保持して T_g 以下の温度まで冷却し，引き続きその温度で除荷する。最後に無応力下で T_g 以上の温度まで加熱する。

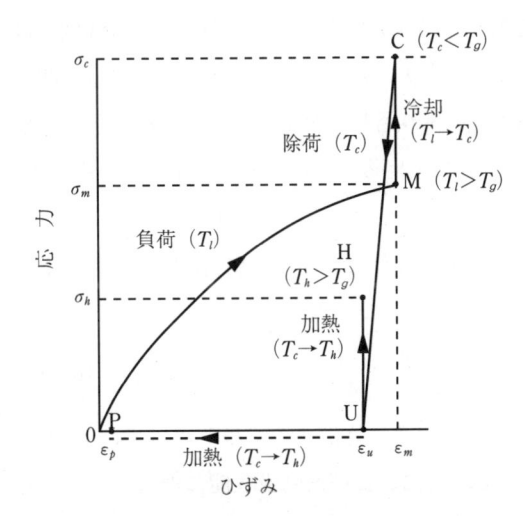

図 6.8 形状固定性と形状回復性を示す応力-ひずみ関係

上述の負荷除荷・加熱冷却試験により得られた応力-ひずみ曲線を図 6.9 に示す[11]。図の応力-ひずみ曲線からわかるように，低温での除荷ひずみは ε_m に近く，形状固定性は良好である。冷却過程において応力は T_g 以下での低温で大きくなる。この応力の増加は熱収縮に対する熱応力で発生する。特に低温では弾性係数が大きくなり，応力増分が大きくなる。加熱過程においてひずみ

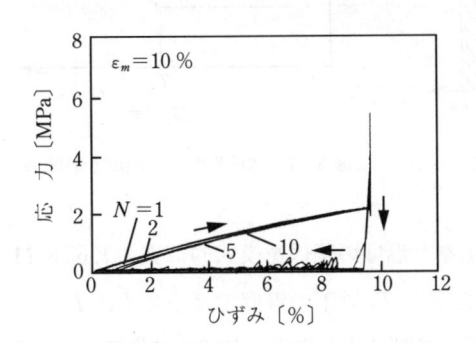

図 6.9 負荷除荷・加熱冷却試験での応力-ひずみ曲線

は T_g 近傍の温度領域で著しく減少し，高温でひずみはほぼ回復する。

　最大ひずみ ε_m が 100% を超えると，冷却過程で生じる応力の増加はほとんど現れなくなり，加熱による変形の回復の後に残留ひずみが現れるようになる。

　（6）エネルギーの散逸と貯蔵　　図 6.3 でみたように T_g 以上の温度では負荷・除荷で応力-ひずみ曲線はヒステリシスループを描く。この場合の関係を図 6.10 に示す。負荷曲線と除荷曲線の囲む面積 E_d と除荷曲線の下の面積 E_r はそれぞれ単位体積当りの散逸仕事と回復可能なひずみエネルギーを表す。温度 T_g において E_d は大きい。このことは図 6.2 で示した $\tan\delta$ の特性と対応している。線形粘弾性材料に正弦波形の負荷を与えた場合，1 サイクル中の仕事量で比較するとつぎの式が得られる[12]。

$$\tan\delta = \frac{1}{2\pi}\frac{E_d}{E_r} \tag{6.2}$$

すなわち，E_r に対する E_d の割合は $\tan\delta$ に比例する。したがって，T_g の温度領域で $\tan\delta$ および E_d は大きく，防振および振動吸収能に優れている。貯蔵されるひずみエネルギーは T_g 以上の温度域で大きい。

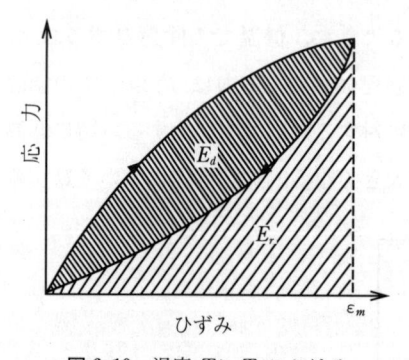

図 6.10　温度 $T > T_g$ における応力-ひずみ曲線

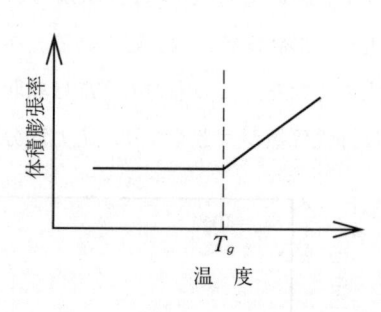

図 6.11　体積膨張率と温度との関係

　（7）体積膨張　　体積膨張率と温度の関係を模式的に表すと図 6.11 のようになる。すなわち，体積膨張率は T_g 以下の温度では小さく，T_g 以上の温度で大きい。したがって，材料の体積変化を拘束した状態で加熱すると大き

な力が発生する。この性質を利用すれば温度センサあるいは圧力発生器としてのポリマー素子の応用が可能である。

（8）**フォームの変形特性**　フォームの圧縮試験で得られた応力-ひずみ曲線を図 6.12 に示す[13]。図からわかるように応力-ひずみ曲線は初期には大きな傾きをもつが，ひずみが 10％を超えるとほぼ一定の応力で変形が進行し，60％のひずみを超えると急に変形抵抗が大きくなり，曲線の傾きは大きくなる。

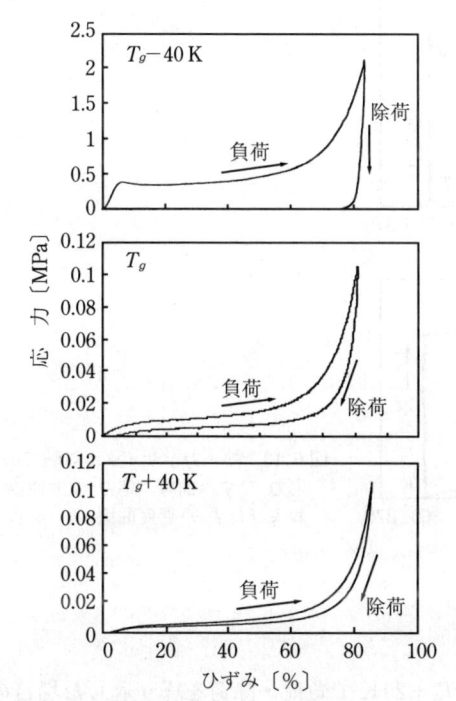

図 6.12　フォームの圧縮試験での応力-ひずみ曲線

高温で圧縮し，最大ひずみ一定下で冷却し，その後に加熱した場合の応力-ひずみ曲線，応力-温度曲線，ひずみ-温度曲線を図 6.13 に示す[14]。冷却過程において圧縮されたフォームは熱収縮するので，圧縮に要する応力は減少し，低温で応力は完全に消滅する。このために形状固定率は 100％である。加熱によるひずみの回復は T_g 近傍の温度で大きく，高温での形状回復率は 99％である。

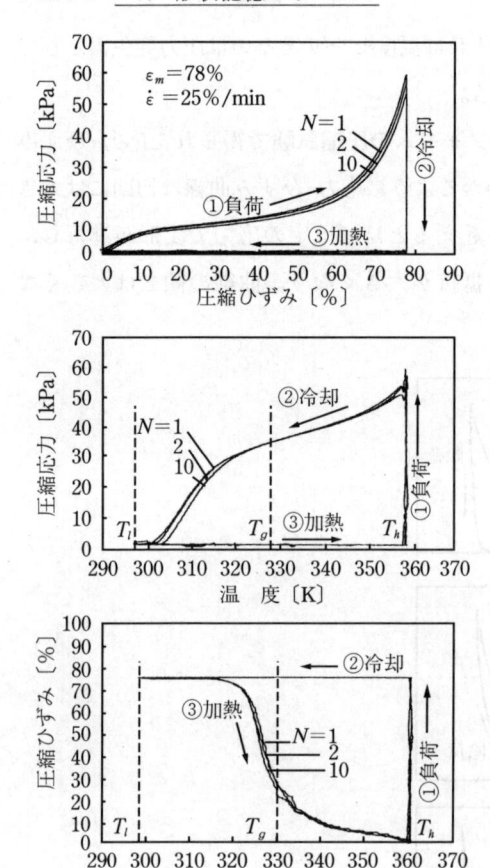

図 6.13 熱・力学サイクル試験での応力-ひずみ曲線，応力-温度曲線およびひずみ-温度曲線

6.2.3 繰返し変形特性

（1） **高温での繰返し変形**　$T_g+20\,\text{K}$ で負荷・除荷を繰り返した場合の応力-ひずみ曲線を図 **6.14** に示す[7]。最大ひずみ $\varepsilon_m=20\%$ の場合には繰返しで変化しない。$\varepsilon_m=100\%$ の場合には最初の負荷での変化が特に大きい。5回以上繰り返すと応力-ひずみ曲線はほぼ同じ形を示すようになる。したがって，大きなひずみ範囲で繰返し変形を利用する場合には，あらかじめ力学的トレーニングを施して利用すれば一定の変形特性が現れる。

（2） **低温での繰返し変形**　$T_g-20\,\text{K}$ で負荷・除荷し，無応力下で加熱

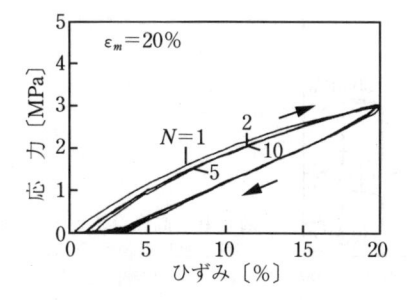

図6.14 高温での繰返し変形特性

して形状を回復させた場合の応力-ひずみ曲線を図6.15に示す[15]。除荷曲線②は繰返しで変化しない。最大ひずみが100％の場合には除荷後に90％のひずみが残るが，加熱③によりひずみは回復する。加熱による回復ひずみは繰返しで小さくなる。非回復ひずみは5回まで増加し，その後はあまり大きくならない。

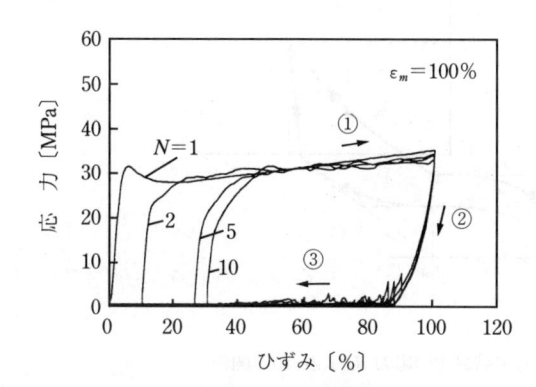

図6.15 低温で繰返し負荷した場合の応力-ひずみ曲線

（3）クリープ　$T_g+20\text{K}$で一定の応力σを1時間保ち，その後に無応力状態を1時間保持する過程を1サイクルとして，これを繰り返した場合のひずみ-時間曲線を図6.16に示す[16]。図からわかるように，最初の負荷で著しく大きいクリープひずみが生じる。クリープひずみは応力が高くなると非常に大きくなる。2回目以降のクリープひずみおよびクリープ回復ひずみの変化は非常に小さい。したがって，初期の負荷を除き，繰返しによるクリープひずみはほぼ一定として考えることができる。

140 6. 形状記憶ポリマー

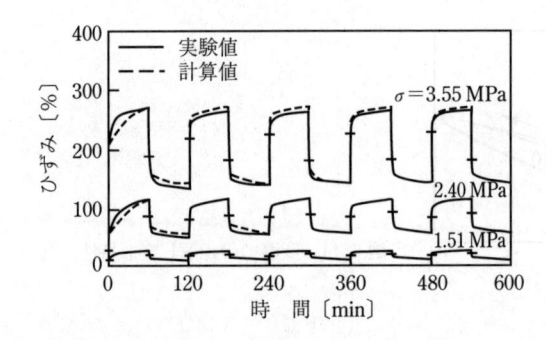

図 6.16 高温のクリープ試験で繰り返し負荷除荷した場合のひずみと時間との関係

(4) 熱・力学サイクル特性 高温で負荷し①，最大ひずみ ε_m を保持したまま冷却し②，低温で除荷し③，無応力下で加熱する④経路を**図 6.17** の3次元の応力-ひずみ-温度線図で示す。

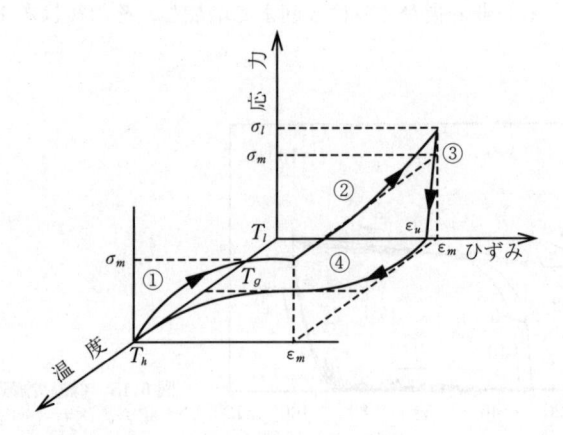

図 6.17 熱・力学試験での応力-ひずみ-温度関係

　最大ひずみ ε_m が 100％の熱・力学サイクル試験で得られた応力-ひずみ曲線，応力-温度曲線，ひずみ-温度曲線をそれぞれ**図 6.18**，**図 6.19**，**図 6.20** に示す[11]。図 6.9 でみたように最大ひずみ ε_m が 20％以下では繰返しで変形挙動はほとんど変化しない。しかし，図 6.18 からわかるように，最大ひずみが 100％を超えると非回復ひずみが現れるようになる。特に最初の負荷で大きな非回復ひずみが現れる。また，図 6.20 からわかるように，繰返し変形により加熱過程④でひずみの回復する温度が高温側に移動する。すなわちひずみの

図 6.18 応力-ひずみ曲線

図 6.19 応力-温度曲線

図 6.20 ひずみ-温度曲線

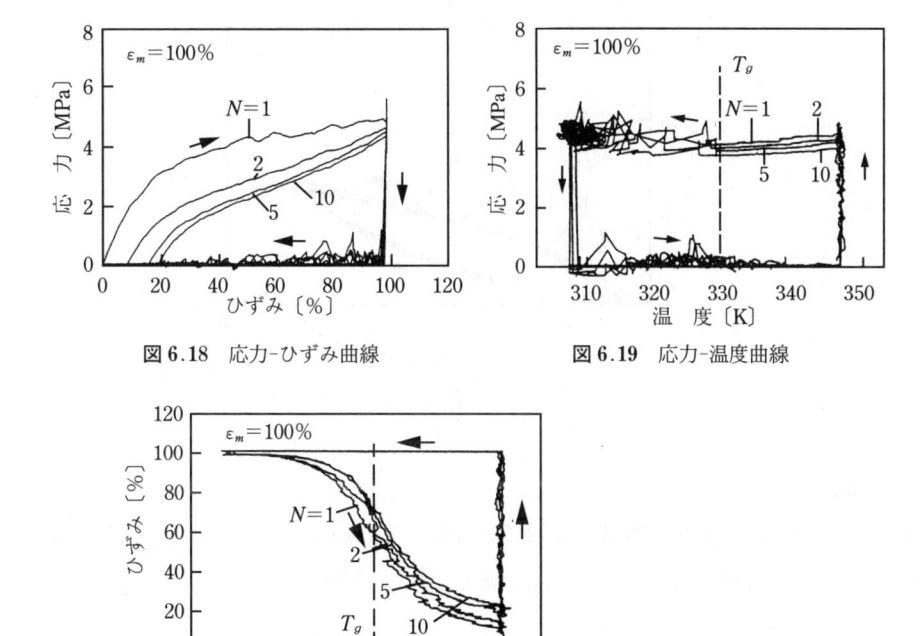

回復が遅くなる．低温での除荷③により現れるひずみは最大ひずみに近く，したがって形状固定率は1に近く，形状固定性は繰返しで変化しない．

低温負荷で繰返し変形を与えた場合，除荷過程③での終了点近傍でひずみが回復する．したがって，応用において記憶素子の形状固定性を利用する場合には，素子のスプリングバック量を正しく見積もることが重要である．図6.15でみたように，加熱で回復するひずみは繰返しの初期で著しく減少する．

(5) **エネルギーの散逸と貯蔵** T_g の温度で繰返し変形を与えた場合の応力-ひずみ曲線を図 6.21 に示す[17]．最大ひずみ ε_m が20%以下では変形特性は繰返しで変化しない．しかし，ε_m が50%を超えると最初の負荷により降伏応力は低下し，非回復ひずみが現れる．しかし，その後のサイクルでの変化は少ない．したがって，実用において一定の繰返し変形特性を得るためには1回の力学トレーニングが有効である．エネルギーの散逸割合は T_g の温度域では 0.6〜0.7 である．したがって，防振材料としての性能は T_g の温度域で優れて

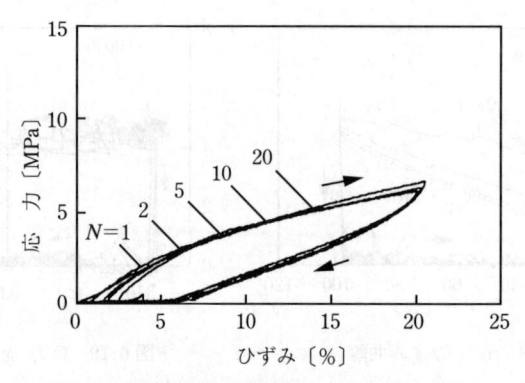

図 6.21 温度 T_g で繰り返し負荷した場合の応力-ひずみ曲線

いる．

ひずみエネルギーの貯蔵効率は $T_g+20\,\mathrm{K}$ で 0.7〜0.8 である．したがって，エネルギー貯蔵材料としての性能は高温において優れている．

6.2.4 熱・力学特性の表示

（1） 線形構成式 ポリマーの変形特性を表す粘弾性モデルとしてばねとダッシュポットを組み合わせた 3 要素の標準線形モデルがある．このモデルによる応力 σ とひずみ ε の関係はつぎの式で表される．

$$\dot{\varepsilon} = \frac{\dot{\sigma}}{E} + \frac{\sigma}{\mu} - \frac{\varepsilon}{\lambda} \tag{6.3}$$

ここで，E, μ, λ はそれぞれ弾性係数，粘性係数，遅延時間を表す．このモデルによれば瞬間的な変形応答，クリープひずみ，クリープ回復ひずみ，応力緩和などの粘弾性特性はうまく表される[18]．また，一定応力で生じたクリープひずみは無応力下で完全に回復する．しかし，図 6.6 でみたように低温ではクリープひずみは回復しない．この非回復クリープひずみ ε_s を考慮し，さらに熱膨張も考慮したつぎの式が提案されている[19]．

$$\dot{\varepsilon} = \frac{\dot{\sigma}}{E} + \frac{\sigma}{\mu} - \frac{\varepsilon - \varepsilon_s}{\lambda} + \alpha \dot{T} \tag{6.4}$$

ここで，T と α はそれぞれ温度と熱膨張係数である．

(2) **非線形構成式** 応力が大きくなると弾性ひずみおよびクリープひずみにはそれぞれ非線形ひずみが現れる。これらのひずみ成分を考慮するために，弾性ひずみおよび粘性ひずみにそれぞれ非線形項を考慮した関係式が提案されている[20]。

$$\dot{\varepsilon} = \frac{\dot{\sigma}}{E} + m\left(\frac{\sigma-\sigma_y}{k}\right)^{m-1}\frac{\dot{\sigma}}{k} + \frac{\sigma}{\mu} + \frac{1}{b}\left(\frac{\sigma}{\sigma_c}-1\right)^n - \frac{\varepsilon-\varepsilon_s}{\lambda} + \alpha\dot{T} \quad (6.5)$$

ここで，σ_y と σ_c はそれぞれ降伏応力およびクリープ限度に対応する。

(3) **係数の温度依存性** 図 6.2 でみたように弾性係数はガラス転移温度域において著しく変化する。この温度依存性を考慮するためにアレニウスの関係式と類似な関係で表すと

$$E = E_g \exp\left\{a\left(\frac{T_g}{T}-1\right)\right\} \quad (6.6)$$

となる。ここで，E_g は $T=T_g$ での E の値である。a は $\log E$ と T_g/T を直線で近似したときの傾きである。ガラス転移温度領域の上下の温度域では E はそれぞれ一定の値をとる。

ガラス転移に基づき変形抵抗は高温では小さく，低温では大きいので，その他の係数も同様の特性がある。

したがって式 (6.5) に含まれる諸係数を x で表し，温度 T の指数関数で表すと

$$x = x_g \exp\left\{a\left(\frac{T_g}{T}-1\right)\right\} \quad (6.7)$$

となる。

この指数関数による関係式は粘性係数について Eyring らによって分子運動論に基づき理論的に導かれた関係式と類似である。

(4) **計算結果と実験結果の比較** 上述の理論により求めた計算結果と実験結果を比較する。図 6.17 で示した熱・力学負荷試験での応力-ひずみ関係とひずみ-温度関係を図 6.22 に示す[20]。計算結果は実験結果の全体的な傾向を表しており，提案された理論は形状固定性，形状回復性および回復応力などの熱・力学特性をうまく表すことができる。

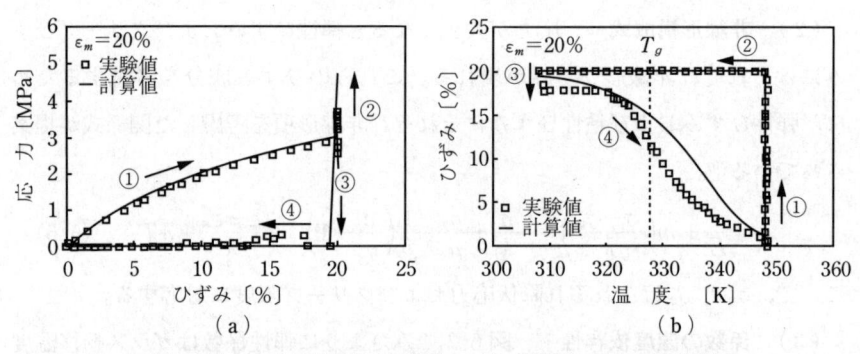

図6.22 熱・力学負荷試験での応力-ひずみ関係とひずみ-温度関係

6.2.5 力学的機能以外の特性

（1） 水蒸気透過性　ポリウレタン系形状記憶ポリマーの薄膜について，水蒸気透過率と温度の関係を**図6.23**に示す。図からわかるように，水蒸気透過率は T_g 以下の温度では小さく，T_g 以上の温度では非常に大きい。これは水蒸気分子の平均粒径が 350 pm と小さく，T_g 前後の温度以上では非晶相の分子鎖の運動性がミクロブラウン運動に基づき向上するために，水の分子が通過しやすくなることにより生じる。膜の厚さが薄いほど水蒸気透過率は大きい。この特性は衣料，食品の包装，医療などの分野で利用できる。

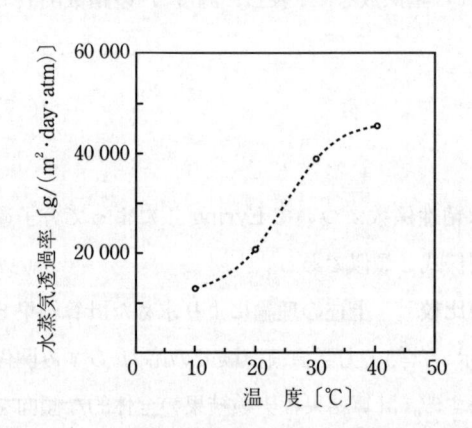

図6.23 水蒸気透過率と温度との関係

（2） 光学的屈折率特性　光学的屈折率と温度との関係を示すと**図6.24**のようになる。図に示すように，光学的屈折率は T_g 以下の温度では大きく，

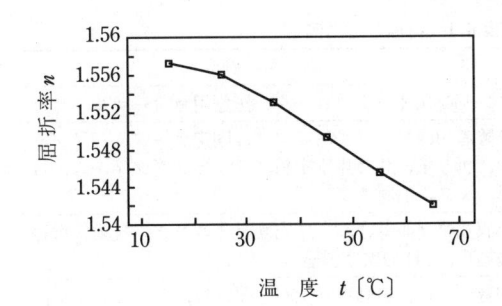

図6.24 屈折率の温度依存性

T_g以上では減少する。したがって，温度に依存して変化する光学的屈折率の性質を利用すれば，温度センサとしての応用が可能である。

(3) その他の性質　ポリウレタン系形状記憶ポリマーでは，T_gを境にした分子鎖の運動性の差異に基づき，透電率がT_gの上下の温度で大きく変化することが明らかになっている。また，ポリウレタンは抗血栓性に優れており，生体適合性がよいために医療材料としての性能に優れている。

形状記憶ポリマーは新しい材料であり，これまでに明らかになっている特性のほかに種々の性質をもっている可能性が考えられる。これらの機能の発掘とそれらの特性を利用した用途開発が期待される。

6.2.6 応　用

(1) 機能特性と応用　熱活性形状記憶ポリマーはガラス転移に基づき各種の性質がT_gの上下の温度で著しく異なる。この性質の変化を利用すれば従来の材料にはない新しい機能材料としての応用が可能である。ポリマーの特性と対応する応用例を表6.1に示す。表に示すように，広範囲の分野で応用されている。

以下に代表的な応用例を各分野ごとに説明する。

(2) 産業分野　形状固定および形状回復の性質を応用したエンジン用オートチョークエレメントを図6.25に，またその作動原理を図6.26に示す。低温時にポリマーは硬く，棒状のままである。エンジンが暖まってくると空気が取り入れられる。必要な空気比が自動的に得られる。

6. 形状記憶ポリマー

表6.1 特性と応用例

性　質	応　用　例
弾性率の温度依存性	エンジン用オートチョーク，医療用カテーテル
形状固定性	身障者用スピンドル，ギプス，固定テープ，パイプ継手，折り紙，建築用固定材，ラッピングフィルム，玩具，マスク心材
形状回復性	熱収縮フィルム，パイプ内面ライニング，玩具，電線の結束，CDの文字書込み
ひずみエネルギーの散逸性	防音ロール，自動車バンパ，耐振材，クッション材，靴底，発泡包装材，塗料，化粧品
ひずみエネルギーの貯蔵性	被覆材，シール材，人工筋肉，包帯，サポータ
回復力の発現性	締結要素，締付ピン
体積膨張性	温度センサ，圧力発生器
水蒸気透過性	スポーツウェア，おむつカバー，靴下，靴のインナー材，人工皮膚
屈折率の温度依存性	温度センサ
誘電率の温度依存性	温度センサ
抗血栓性	医療用カテーテル，人工血管

図6.25 エンジン用オートチョークエレメント(三菱重工業㈱)

　形状回復性および回復力を利用した熱収縮チューブは多く用いられている。電気・電子機器の配線被覆，鋼管の腐食防止用，容器に密着した外包装などに利用される。このほかにも各種の接合要素および締結要素がある。ユニークな応用例としてねじがある。頭の付いた丸棒を記憶させておき，ねじ山を設けた形を固定し，締結ねじとして使用する。分解する場合に加熱すればねじ山が消滅し，ねじを回すことなく容易に分解，再利用できる。リサイクルを考えたよいアイデアである。

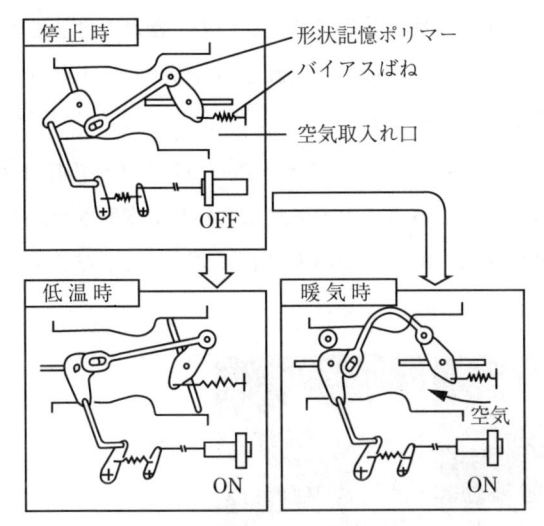

図 6.26 エンジン用オートチョークの作動原理の模式図

ポリウレタンフォームでは形状の体積の変化が特に大きくとれるので，種々の分野での応用が検討されている．例えば，宇宙探査機への利用がある．地球上において小さくして宇宙にもっていき，衛星上で大きくして使用する方法が検討されている．

また，エネルギー散逸性を利用して，防振，耐震，吸振材料としての応用が工業分野および建設分野で検討されている．

（３）医療分野　ポリウレタンは抗血栓性に優れており，生体適合性がよいので，医療分野での応用が特に期待されている[21]．生体内で操作する医療用カテーテルの応用例を**図 6.27**に示す．点滴用の留置針は体温で軟らかくな

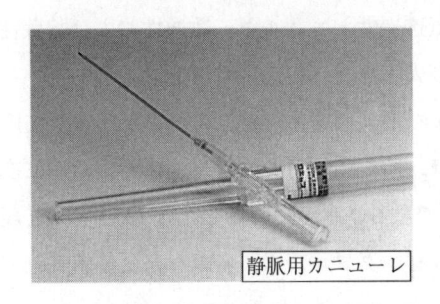

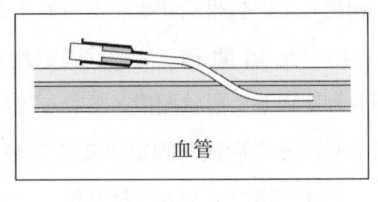

図 6.27 血管を傷つけない点滴用血管内留置針（三菱重工業㈱）

り，血管を傷つけず，患者に苦痛を与えないので優れた性能をもつ[22]。

また，ポリウレタンは抗血栓性に優れているので，人工血管や人工筋肉への応用も可能である。

身体障害者用のスプーンおよびフォークのハンドルへの応用例を図 6.28 に示す。これらは，高温で各人の手の形状に合わせて変形させ，その形状を低温で固定させて使用する。握力のない人でもスプーンおよびフォークを使用できる。

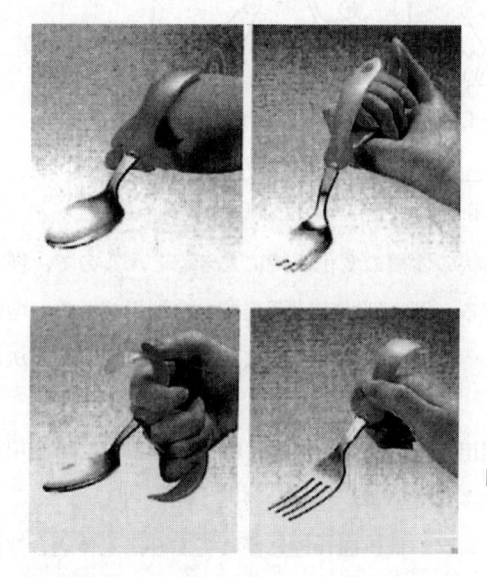

図 6.28　身体障害者用のスプーンハンドルとフォークハンドル(三菱重工業㈱)

このほかにも，人の鼻の形に合わせて使用するマスクの心材として応用されている。また，形状固定および形状回復の性質は整形外科あるいは歯科での応用も検討されている。さらに，水蒸気透過性とエネルギー散逸性および貯蔵性を利用して，包帯やサポーターおよび人工皮膚への応用も可能である。

（4）**生活関連**　形状固定および形状回復の性質は各種の玩具として応用されている。形状記憶ストローでは，冷たい飲料を飲むときに希望の形に変形させ，その形状を固定することができる。室温になるともとの形状へと戻る。形状記憶フィルムは折り紙，ラッピングフィルム，名刺などに使用されている。

マイクロビーズを利用した塗料や化粧品への応用も検討されている。化粧品については，ポリウレタン系ポリマーの tan δ が人間の皮膚の tan δ に近く，違和感のないことを利用している。同様の性質を利用して，家庭用品や機械部品について，手で触れる部分のカバーへの応用も行われている。

一方，エネルギー貯蔵性および散逸性に優れていることから，靴底への応用も期待される。また，高温での水蒸気透過性に優れていることから，靴のインナー材としても使われており，さらに靴のカバーとしての利用も考えられる。

(5) 衣　　料　ポリウレタン系ポリマーの薄膜の水蒸気透過率の温度依存性を利用したスポーツウェアの応用例を図 6.29 に示す。運動前や運動開始直後の体が暖まっていない状態では保温性がよく，運動中や運動直後の発汗量の多い状態では透湿能を飛躍的に高め，蒸れにくい状態をつくる。また，防水性が優れているので，屋外での天候に関係なく使用できる。したがって，スポーツウェアとして要求される最適の機能をもっている[23]。同様の性質を利用したおむつカバーへの応用も行われている。

図 6.29　高透湿性を利用したスポーツウェア
（三菱重工業㈱）

(6) 食品関連　ポリウレタン系ポリマーの薄膜の水蒸気透過率の温度依存性を応用した例として冷蔵庫の野菜室のカバーがある。野菜は温度が高いときには息をしており，密閉した状態で保持すると腐る。このポリマーを野菜室のカバーに利用すれば，野菜を入れたあとには水蒸気を外に出し，温度が下がってからは水蒸気を逃がさず，鮮度を長期間保つことができる。その応用例

を図 6.30 に示す。

同様の性質は生鮮食料品の陳列棚のカバーに応用されている。閉店後にこのカバーを下ろせば，その状態で棚の生鮮食料品を保持する。したがって，食料品を冷蔵庫に運んで保存し，翌朝に棚へ陳列する必要がない。このために手間を省け，省エネルギーにも貢献する。

図 6.30 ポリマーの高透湿性を利用した冷蔵庫の野菜室（三菱重工業㈱）

6.3 電気活性ポリマー

6.3.1 形状記憶の機構と特性

電気活性ポリマーでは電気エネルギーの変化に基づいて形状が変化する[24)~27)]。駆動源としては電場，磁場，光，pH，応力などの作用がある。これらの作用により物理的状態が変化し，その結果として形状が変化する。おもなポリマーの種類と特性はつぎのとおりである。

（1）ゲル　ゲル (gel) では pH，熱，光，電場などの変化によりイオンの動きが活性化され，形状が変化する[28)]。イオンがポリマー構造に出入りし，ゲルは膨張または収縮する。ゲルでは非常に大きな体積変化が生じる。

（2）イオンポリマー　イオンポリマー (ionic polymer) は側鎖にイオン解離基をもち，電場をかけると可動イオンが動く。高分子鎖に沿っての電荷の発生と消滅により高分子鎖の拡張と収縮が生じる。このために形状の変化が

生じる。イオンポリマーの変形は生体の筋肉に類似した挙動を示す。

（3） **伝導性ポリマー**　伝導性ポリマー（conducting polymer）では種（イオン）がポリマーネットワークに入り，イオンの伝導が生じる。イオンはポリマーの電気的および機械的性質を変える。電気化学的ポテンシャルを変化させるとイオンの出入りが生じる[29]。イオンの出入りで形状が変化し，動作が生じる。伝導性ポリマーでは適当な応力とひずみが得られる。

（4） **電歪ポリマー**　電歪ポリマー（electrostrictive polymer）では，二つの電極に挟まれたポリマー誘電体に高い電場をかけると静電気力が電極の間に生じ，誘電体を圧縮する。電歪ポリマーでは生じるひずみは小さいが大きな応力が得られる。この場合にヒステリシス効果が現れる。

6.3.2　力学的特性と応用

電気活性ポリマーでは，形状変化を生じさせる各種の駆動源がある。この駆動源の性質と対応して生じる力学的特性とその応用について述べる。

（1） **電　歪**　誘電体を電場の中に置くと分極し，分子間の力が変わり，新たな応力が発生する。図 6.31 に示すように，二つの電極に挟まれたポリマー誘電体に高い電場を与えると電極の間で大きな静電気力が生じ，誘電体を圧縮する。このために軸方向の変形や体積変化が生じる。誘電体ポリマーの

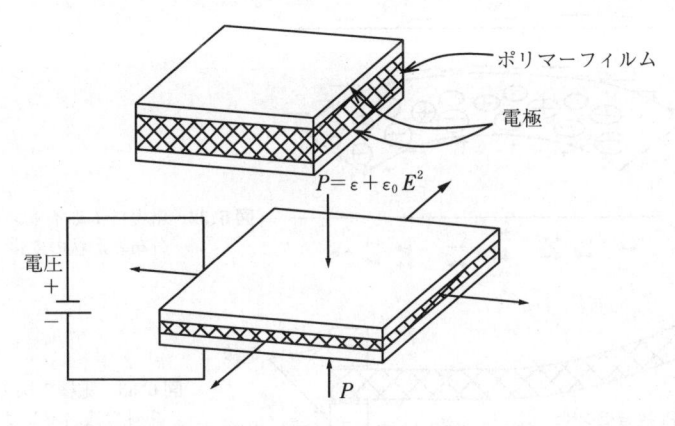

図 6.31　電歪ポリマーアクチュエータ

$P = \varepsilon + \varepsilon_0 E^2$

空気に対する比誘電率は 2.5〜10 であり,弾性係数は 1〜10 MPa である。

電歪ポリマーを応用したアクチュエータでは高い応答速度が得られる。ただし,この場合に高電圧を必要とする。

(2) **イオン反応** 熱,光,pH,電気などの作用によりイオンの生成あるいは移動が活性化され,結果として材料の形状が変化する。ゲルではイオンの出入りに基づき膨張あるいは収縮が生じる。ゲルの体積変化は特に大きく,1 000 倍の体積変化が報告されている。ゲルアクチュエータに応用する場合,作動速度はイオンの拡散に基づくために非常に遅く,水溶液を要することの二点に注意する必要がある。

側鎖にイオン解離基をもつポリマーでは,高分子鎖に沿って電荷が発生または消滅することにより,高分子鎖が拡張または収縮する。アルカリあるいは酸の添加により分子鎖の形態が変化し,このためにポリマーの形状が変化する。この状態を**図 6.32** に示す。自然の筋肉では化学エネルギーが力学エネルギーに変換されることにより作動する。したがって,この特性は生体の筋肉の機能をもつ可能性があり,人工筋肉への応用が期待される。逆にポリマーの変形により可動電荷が動く性質を利用した複合材センサが**図 6.33** に示すように提案されている[30]。

(3) **伝 導 性** 伝導性ポリマーは**図 6.34** に示すような**イオンポリマ**

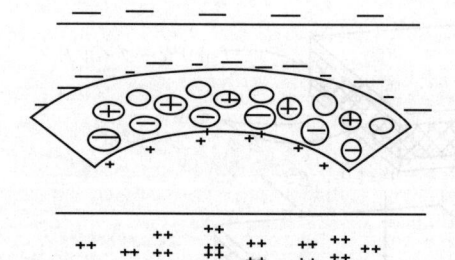

図 6.32 電場によるイオン分布と形状の変化

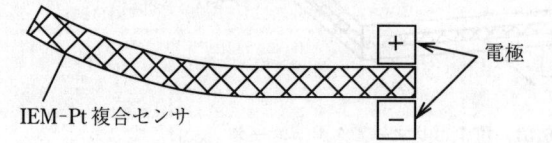

図 6.33 電極で挟まれた単純な複合センサ

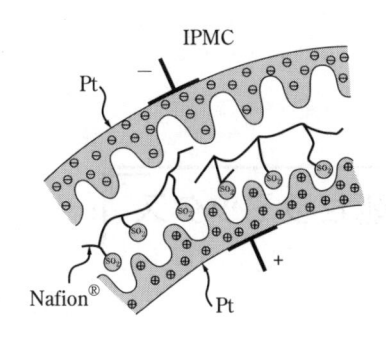

図 6.34 IPMC アクチュエータの微視的構造

〔S. G. Wax and R. R. Sands：SPIE, **3669**, pp. 2〜10（1999. 3）〕

一複合材料（ionic polymer metal composites, **IPMC**）に応用される。イオン伝導膜（例えば，Nafion）に電場を与えると，イオンが一方の表面（例えば，プラチナの電極）から他の表面に動く。このために複合膜が動く。IPMC アクチュエータはゲルアクチュエータより剛性は高いが，非常に軟らかいので仕事を行う能力には限界がある。

イオン伝導膜（ionic conductive polymer film, **ICPF**）を使った応用としてマイクロポンプが提案されている。マイクロポンプでは ICPF はポンプ室の体積変化を生じさせる隔膜として使用される。

（4）**導　電　性**　　導電性ポリマーでは電気化学的な酸化還元が生じ，これによって体積変化が引き起こされる。ポリピロールやポリアニリンなどの導電性ポリマーでは酸化還元反応に基づき体積変化が生じ，この体積変化は可逆的である。したがって，この特性はアクチュエータに応用される。人工筋肉などの応用に適している。

（5）**光　反　応**　　光の作用により形状記憶効果が現れるポリマーでは，光照射により分子鎖の形状が変わり，このためにポリマーの形状が変化する。この場合には外部から光を与えるだけなので，接触媒体などが必要でない。したがって，形状の制御が単純な機構で行える。

応用としては，光エネルギーを力学的エネルギーに変換する光エンジンを作成することができる。シートやフィルムに光を照射すると，光照射を受けた部分だけ形状が変化する。したがって，記憶材料や印刷板の作成に応用できる。

7 力学的機能セラミックス

7.1 セラミックス

　現在，セラミックスにおいては形状記憶合金でみられるような温度変化による相変態に起因する形状記憶効果の現象はほとんどみつけられていない。例外的にCe添加正方晶ジルコニア多結晶において一軸性圧縮応力によって生じた残留ひずみが加熱によって消失する，いわゆる形状記憶効果が起こったという報告[1]がある。図7.1ではその結果を示す。

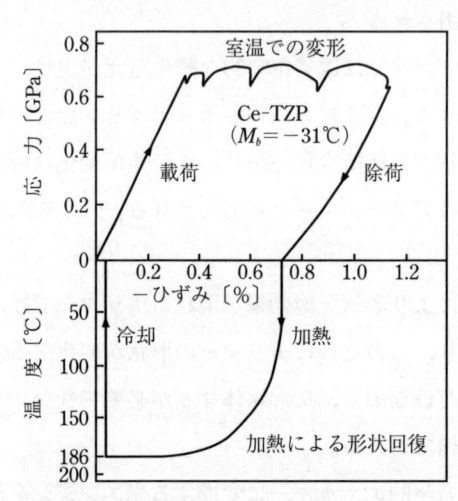

図7.1　Ce添加正方晶ジルコニア多結晶における形状記憶効果（Reyes-Morelらによる）

〔K. Uchino：Shape Memory Materials, K. Otsuka and C. M. Wayman (eds.), p. 187, Cambridge University Press (1998)〕

7.1 セラミックス

　もし，高温領域においてセラミックスの相変態に基づく形状記憶効果が多数みつけられ，実用化されれば金属材料では実現できなかった高温領域での形状記憶材料の開発に道を開くことになる。このため，本章ではセラミックスについての概要のほか，主としてセラミックスの力学的特性について述べる。7.1節ではセラミックスそれ自身の特性，特に，力学的特性について，7.2節では強誘電セラミックス，7.3節では圧電セラミックスについて述べる。ある種の誘電体セラミックスでは外部電場や外部応力によってひずみや電場を生じる性質があり，これらの現象は一種の形状記憶効果と考えてもよい。温度や応力のほかに電場や磁場など種々の外部パラメータにより形状が自発的に変化するのをすべて形状記憶効果を名づけることも可能である。しかし，従来から研究が続けられている圧電・電歪という用語でこの形状変化の現象を説明する。

　セラミックス（ceramics）という言葉は「土器の製造プロセスによって得られたもの」を示すギリシャ語のケラミコス（Keramikos）を語源とする[2]。

　一般に，セラミックスは陶磁器などをさすが，人為的処理によりつくられた非金属無機質固体材料，窯業製品，窯業すなわち窯を用いた高温処理により陶磁器などを製造する技術や科学のことをいうこともある。

　これまでのセラミックスは古典的セラミックス，伝統的セラミックスと呼ばれ，おもに天然のケイ酸塩鉱物を原料とする陶磁器，耐火物，セメント，ガラスなど古くからあるものである。

　これに対して，近年開発されているセラミックスでニューセラミックス，ファインセラミックスなどと呼ばれるものは，ケイ酸塩以外の各種金属酸化物や非酸化物を原料に，機械的，熱的，電磁気光学的特性などに特異な機能・性質をもつ新しい材料である。これら現代のセラミックスは古典的セラミックスの硬くてもろい絶縁物というイメージとは異なる機能性材料である。工業的用途に使われる焼結体で，主構成物質が明瞭で特徴的な場合，その物質名をつけて，アルミナセラミックス，チタニアセラミックスなどと呼ぶ。

　近年話題となった高温超伝導物質は酸化物でセラミックスの一種である。1986年にJ. G. BednorzとK. A. Mullerよって発見されたLa-Ba-Cu-Oは30

Kの超伝導転移温度を示し,それまで14Kであった超伝導転移温度をはるかに超えるものであった。しかし,酸化物のため線材などへの加工には問題が残っている。

セラミックスはバルク,繊維,薄膜,粉末の形態をとり,ホウ化物,炭化物,窒化物,酸化物などの化学的な結合状態をとる。構成原子どうしは一般にイオン結合や共有結合をとるとともに,複雑な結晶構造をもつ。このため金属材料と比較して硬度が大きく,腐食や熱に対しても優れた特性をもつ。しかし,セラミックスは微細組織の集合体としての特徴をもち,結晶粒界・不純物などのいわゆる欠陥を多くもっていることで機械的特性が大きく制約されている。

力学的機能セラミックスとはセラミックスの中で力学的機能が優れているセラミックスをさし,この力学的機能を利用して,セラミックスを構造物,機械要素,アクチュエータなどへ利用しようとするものである。

7.2 力学的機能セラミックス

7.2.1 物　　　性

一般に物質の物性を論じるとき,最初にその物質の結晶構造について詳細に述べることが多いが,ここではセラミックスの力学的機能に主点をおくので,セラミックの結晶構造の詳細については個々の専門書を参照していただくことにする。セラミックスを構成している原子は金属原子のほか,ホウ素,炭素,窒素,酸素などであり,これらの結合様式はイオン結合である。

セラミックは金属材料や有機物に比べ,大きな弾性率と硬度をもち,一般に複雑な結晶構造をもつ。例えば,α-アルミナ(Al_2O_3)はコランダム型の三方晶の結晶構造である。さらに,セラミックスは微細組織をもち,クラック,転位などのいわゆる欠陥をもつ。これらの欠陥が大きな弾性率と硬度および靱性の低さや脆性的な破壊挙動や熱衝撃の原因となる。

さらに,セラミックスは例えば電気的にみると導電性の物質から絶縁性の物

質まで幅広い特性をもつ物質のグループであるので，一つの狭い範ちゅうで物性を説明することはできない。ここでは熱に対するセラミックの特性について述べる。熱特性には熱膨張，熱伝導，熱衝撃などがある。

金属材料に比べセラミックスは古典的セラミックスに代表されるように融点が高く，耐熱性に優れている。耐熱材料としてのセラミックスには酸化物セラミックス（アルミナ Al_2O_3，マグネシア MgO，ジルコニア ZrO_2，ムライト $3Al_2O_3 \cdot 2SiO_2$-$2Al_2O_3SiO_2$），窒化物セラミックス（窒化ホウ素 BN，窒化アルミナ AlN，窒化ケイ素 Si_3N_4），炭化物セラミックス（炭化ケイ素 SiC），ホウ化物セラミックス（ホウ化ジルコニウム ZrB_2），ケイ化物セラミックス（二ケイ化モリブデン $MoSi_2$）などがあげられる。

酸化物，炭化物，窒化物などのセラミックスは金属材料に比べ熱膨張率，熱伝導率が小さい。また，前述のように物質として一般に結晶粒の集合体であるため，セラミックス材料の一部に急激に熱を加え，材料のほかの部分と大きな温度差をつくると熱衝撃という現象が起こり，材料内部に引張りまたは圧縮の応力を生じ，ときには材料の破壊につながる。Si_3N_4 や SiC は熱衝撃破壊抵抗係数の高い先端機械構造用セラミックスである。

高温で耐熱材料として使用する場合には使用する雰囲気あるいは環境が材料の化学的反応を引き起こす可能性が大きい。例えば，大気中あるいは酸化雰囲気で酸化物セラミックスは安定であるが，炭化物，窒化物，ホウ化物セラミックスなどは酸化反応が起こることも考慮しなければならない。腐食に関してはセラミックスはその環境によって状況が異なる。高温高圧水腐食，高温水蒸気腐食，アルカリ溶融塩腐食などがその例である。高温高圧水腐食は原子力発電プラント，地熱発電プラント，化学プラントでセラミックスを応用する際に考慮しなければならない。高温水蒸気腐食については窒化物セラミックスについて腐食挙動が報告されている。アルカリ溶融塩腐食は高温ガスタービン，発電用ボイラ，MHD 発電の炉壁材料において問題になる。

前述のように力学的機能セラミックスにはセラミックスそのものの弾性あるいは塑性特性を用いる構造材とした場合と，セラミックスの機能を利用した場

合とがある。構造材としては耐火物，機械構成材料，建設関連材料があげられる。機能性材料としては強誘電セラミックスや圧電セラミックスがある。強誘電セラミックスと圧電セラミックスについてはそれぞれ7.3節および7.4節で述べる。ここでは構造材としてのセラミックスの特性について述べる。

構造材としてのセラミックスにはセメントをはじめとして多種多様なものがある。耐火物としては鉄の溶鉱炉，アルミニウムの電解製錬，セメントやガラスの製造に主として炭化物や酸化物が使われている。機械構成材料としてのセラミックスはその高温での耐熱性，軽量であること，耐摩耗性を利用したボイラ，タービン，エンジン，工作機械の超硬工具や軸受などにアルミナ系や炭素系などが使われている。しかし，靱性の低さや脆性的な破壊挙動は熱衝撃などの問題とともに課題が残る。

7.2.2 力学的特性

一般に材料の力学的機能特性は強度，破壊，塑性変形，クリープ，硬さ，熱衝撃などがあげられるが，セラミックスの力学的機能特性としてここでは機械的特性，破壊強度および破壊靱性などの特性を概観する。

（1） **機械的特性（弾性および塑性）**　固体は一般に応力に対して変形を起こす。このような変形は，応力が小さい場合は応力を取り去ると変形がもとに戻る弾性変形とさらに応力が大きい場合には応力を取り去っても変形が残る塑性変形とがある。弾性変形の状態を表す物理量は弾性率（弾性係数）である。図7.2に金属材料と有機物材料とともにセラミックスの応力-ひずみ曲線を示す[3]。図から明らかなようにセラミックス材料の弾性率は金属材料や有機物材料の弾性率に比べて大きく，同じひずみをつくり出すために金属材料と有機物材料と比べて大きな応力が必要である。これはセラミックスを変形させるのに大きな応力が必要なことを意味し，セラミックスの硬い性質を表している。さらに応力を加えていくと，金属材料や有機物材料は材料内部にすべりやずれが起こり，いわゆる塑性変形を起こす。しかし，セラミックスではこのような現象は起こらず，塑性変形がごく小さい場合が多い。この原因はセラミッ

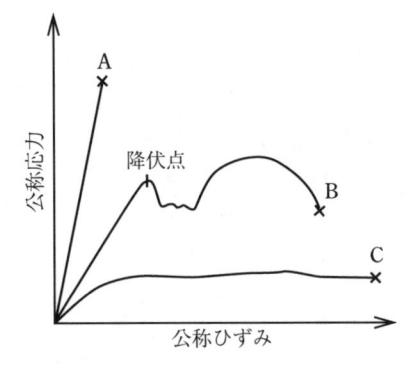

図7.2 セラミック(A)，金属材料(B)および有機材料(C)における応力-ひずみ曲線

〔河本邦仁：セラミック材料，堂山昌男，山本良一編，p.47，東京大学出版会（1986）〕

クスの結晶粒や微細構造に起因する。

（2）**破壊強度** **破壊強さ**（rupture strength）または**破壊応力**（rupture stress）で示される。破壊応力とははじめの破壊を起こしたときの応力でこの応力の大きさは荷重を支えた面積でそのときの荷重を割った値で示される。図7.2中の×印は破壊を示している。引張試験では試験片がここで破断する。セラミックスの破壊強度についてはGriffithがセラミックス材料中のき裂先端への応力集中とそのエネルギーバランスを考慮した破壊力学で示される。Carnigliaは多結晶アルミナの結晶粒径と室温での材料強度との関係について研究し，その間には強い相関関係があることを報告している。

（3）**破壊靱性** **靱性**（toughness）とは粘り強くて衝撃によく耐える性質をいい，材料が破断するに要する仕事量が大で，弾性限界を超えても容易に破断しない性質を意味する。通常，"最大応力×最大変形量"の大小によって比較する。靱性が"最大応力×最大変形量"で表されるので，図7.2でみられるようにセラミックス材料，金属材料および有機物材料の靱性を比較すると，一般に金属材料は靱性が大きい。セラミックス材料では靱性はこれまで述べてきたように微細構造に関係している。このような靱性の改善には繊維強化セラミックスなどの複合化の試みがなされている。

最近，ナノ構造をもつ材料の作製方法および評価方法が進展し，セラミックス材料でも種々の方法で微細構造をもつ材料が開発され，強度および靱性とも

表7.1 代表的な構造用ファインセラミックスの特性値と応用例

材　料	アルミナ	部分安定化ジルコニア	コーディエライト	窒化ケイ素	炭化ケイ素
化学組成	Al_2O_3	ZrO_2	$2MgO\cdot2Al_2O_3\cdot5SiO_2$	Si_3N_4	SiC
融点 [K]	2 323	2 963	1 733	2 173 (分解)	3 313
製造方法	常圧焼結法	常圧焼結法	常圧焼結法	常圧焼結法	ガス圧焼結法	常圧焼結法
密度 [Mg/m²]	3.97	5.91	1.61	3.28	2.95	3.10
弾性率 [GPa]	380	205	128	280	300	305
硬度 [GPa]	20	12	7.5	15	15	28
曲げ強度 [MPa]	600	1 000	100〜120	850	830〜1 000	500
破壊靱性 [MPa·m$^{1/2}$]	3.5	5.5〜8.5	1.7〜2.0	7.2	4.5〜7.8	2.4
熱膨張係数 [×10^{-4}/K]	8.1	10.5	1.1	3.8	3.3	4.3
熱伝導率 [cal/s·cm·K]	0.05	0.007	0.003〜0.005	0.07	0.15	0.11
特　徴	耐熱性, 耐摩耗性, 耐食性	高強度, 高靱性 (変態強化), 低熱伝導率, 耐摩耗性	低熱膨張率, 耐熱衝撃	耐熱衝撃性, 高強度, 耐熱衝撃性	耐熱衝撃性, 高温強度	耐熱性, 耐酸化性, 耐食性, 高温伝導率, 高熱伝導率, 電気伝導性
用　途	摺動部品, 切削工具, 触媒担体, 人工歯根, 人工骨, 耐火物	工具, 摺動部品, エンジン部品, コーティング, 人工骨	触媒単体, 熱交換体, フィルタ	ターボチャージャーロータ, ガスタービン部品, ディーゼルエンジン部品, 切削工具, 摺動部品, ロー	ガスタービン部品, ディーゼルエンジン部品, 摺動部品	ガスタービン部品, 高温ヒータ, 半導体製造工程

〔新原晧一：金属便覧 改訂6版，日本金属学会編，p.631，丸善 (2000)〕

改善の方向に向かっている。

7.2.3 応　　　用

後述する強誘電セラミックスや圧電セラミックス以外に構造用ファインセラミックスは**表7.1**に示すような特徴と用途がある[4]。

7.3　強誘電セラミックス

物質は原子の集団からできている。多くの物質の中で電気を通しやすい性質をもつものは**導体**（conductor），反対に電気を通しにくい性質をもつものを**絶縁体**（insulator）と呼んでいる。このような電気に対する性質は，物質を構成している原子の集団の中で自由電子が動きやすいかどうかによっている。金属材料は一般に導体である。自由電子が動きにくく，このため電気を通しにくい絶縁体では電場をかけることにより，物質の中で原子の集団に**電気分極**（electric polarization）が起こる。この電気分極の現象が**誘電現象**（dielectric phenomena）であり，誘電性を示す物理量が**誘電率**（dielectric constant）である。誘電率は電束密度と電場強度の比で表される。またこの誘電性を示す物質を誘電体という。

物質の中には電場を加えない状態でも自発的に電気分極を起こしている物質がある。このような物質を**強誘電体**（ferroelectrics）という。その代表的な物質はチタン酸バリウム（$BaTiO_3$）である。これは酸化物セラミックスである。誘電体には**反強誘電体**（antiferroelectrics）と呼ばれる物質がある。これは二つの等しい副格子が逆向きの極性をもつ反極性結晶では自発分極をもたないが，外部電場がある値を超えると自発分極が誘起される場合である。反強誘電体としては圧電性をもたない。物質としては$ZrPbO_3$，$NH_4H_2PO_4$，$(NH_4)_2H_3IO_6$，$Cu(HCOO)_2 \cdot 4H_2O$などがある。このほか，チオ尿酸，$(NH_2)_2CS$などのフェリ誘電体がある。

7.3.1 強誘電効果の機構

前述のように強誘電の現象は電気分極が自発的に起こることである。さらに詳しく定義すると，この自発分極をもつ結晶（極性結晶）に外部電場をかけると，自発分極ベクトル方向が反転する場合，この結晶を強誘電体という。このような性質を強誘電性という。図 7.3 はその様子を示す[5]。外部電場を増加させていくと自発分極は増加していき，ある値のところから外部電場を減少させると電場がゼロとなっても自発分極が残る。さらに外部電場を逆にかけていくと自発分極が反転し自発分極と外部電場によるヒステリシスが起こる。この様子は強磁性体において磁化が外部磁場によって増加し，外部磁場を減少させると外部磁場ゼロで残留磁化が現れ，外部磁場を逆転させると磁化–外部磁場曲線においてヒステリシスがみられることと類似の現象である。

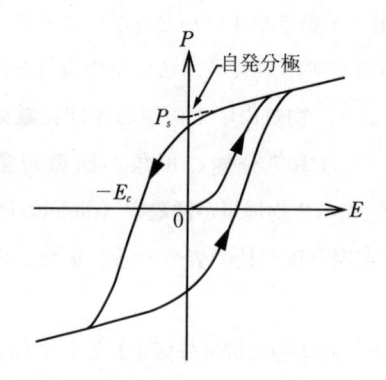

図 7.3 強誘電体における自発分極と外部電場

〔宇野良清他訳：新版キッテル固体物理学入門（下），p. 389，丸善 (1969)〕

強誘電体は自発分極をもつが，これは一般に結晶全体が一つの分極の状態にあるというのではなく，結晶は**強誘電分域**（ferroelectric domain）と呼ばれる微小領域に分かれていて各分極内部の自発分極は隣接する強誘電分極の自発分極とある程度打ち消しあっている。このような状態の強誘電体に正方向の電場をかけると正方向の自発分極をもつ分域が負方向の自発分極をもつ分域中の自発分極を正方向に変える。このため正方向の自発分極をもつ分域が領域を広げ，分極反転が起こる。十分に強い正方向の電場をかけると単一分極となる。

逆に正方向の電場を減少させ，電場をゼロとすると負方向の自発分極をもつ分域が発生し，負方向の電場をかけると負方向の自発分極をもつ分域が増大し，十分に強い負方向の電場では飽和し単一分極となる。これが誘電分極-電場曲線でのヒステリシスとなって観測される。このような事情は強磁性体における磁区の存在と外部磁場との関係に類似しているが，強誘電体における分域は結晶学的に整合性があり，強磁性体での磁区とは異なる。

　強誘電分域構造や強磁性体での磁区構造はいずれも顕微鏡下で観測できる。このような観測結果をもとに分域構造に関する理論的解析も行われている。

7.3.2　力学的機能特性

外部応力がないとき，結晶に自発ひずみをもつ状態が二つ以上存在し，外部応力を加えることによりこれらの二つの状態を遷移できるとき，その性質を強弾性という。強誘電体における自発分極を自発ひずみ，外部電場を外部応力と考えた現象としてよい。強誘電体における誘電分極-電場曲線でのヒステリシスは強弾性体におけるひずみ-外部応力曲線に対応する。強弾性体でも強弾性

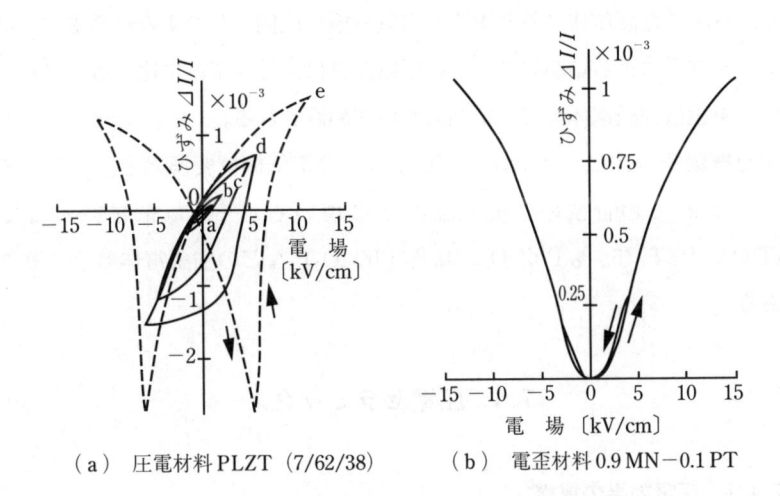

（a）圧電材料 PLZT（7/62/38）　　（b）電歪材料 0.9 MN−0.1 PT

図7.4　電場により誘起されるひずみ
〔物理学辞典 改訂版：物理学辞典編集委員会編，p. 17，培風館（1992）〕

分域を考えることができる。多くの強誘電体結晶は同時に強弾性体結晶である。このため転位などの格子欠陥，結晶中の空隙などの巨視的欠陥が，分域構造に影響を与え，これが力学的機能特性に関係してくる。

図7.4にセラミックスの電場により誘起されるひずみを示す[6]。図（a）は圧電材料チタン酸ジルコン酸鉛の一種の場合である。外部電場が小さい場合は発生するひずみは外部電場に比例するが，外部電場が大きくなるとこの電場の上下サイクルで強誘電的分極のヒステリシスに対応してひずみの量が一致しない。図（b）はマグネシウムニオブ酸鉛でヒステリシスを示さない。

7.3.3 応　　用

強誘電体は誘電率が高いためコンデンサ，圧電性を利用した圧電素子，トランスデューサ，表面音響波素子，電歪を利用したトランスデューサ，焦電効果（ピロ電気効果）を利用した赤外線検知器などに利用されている。

電歪（electro-striction）とは強誘電体に外部電場をかけるとこの電場の2乗に比例するひずみを生じる現象である。これは外部電場により電気分極が起こり，分極した誘電体に外部電場と電気分極に比例したひずみが発生するためである。電歪による結晶のひずみは圧電効果によるひずみに比べると非常に小さい。電歪は強誘電体などの結晶において観測される。

電歪振動子（electrostrictive vibrator）は電気機械変換素子，トランスデューサとして超音波の送受波器などに用いられる。電歪材料としては$BaTiO_3$，PZT（55％ $PbZrO_3$，45％ $PbTiO_3$）などの強誘電体セラミックスがある。

7.4　圧電セラミックス

7.4.1　圧電効果の機構

圧電効果（piezoelectric effect）はピエゾ効果ともいう。圧電効果とは物質に外部応力を加えるとこれに比例した電気分極が生じ，結晶表面に正負の電荷

が生じる。この現象を圧電気，圧電効果，正圧電効果という。これとは逆に，この物質に電場をかけると電場に比例したひずみが発生する。これを逆圧電効果という。これはイオン結晶が外力による応力に対応して電気分極を生じる（1次圧電効果）ことによる。この逆圧電効果（2次圧電効果）はイオン結晶に電場をかけるとひずみを生ずる電歪のことであり，7.3節で説明した。

　このような性質をもつ材料を圧電材料といい，その多くはセラミックスであるので，圧電セラミックスという。古くはロッシェル塩，チタン酸バリウムなどにこの効果がみられた。代表的な物質はチタン酸ジルコン酸鉛，PZT（Pb(Zr,Ti)O$_3$）である。圧電素子はこのような材料からつくられた要素である。また，有機高分子材料としてポリふっ化ビニリデン（PVDF）などがある。代表的な圧電性結晶を**表7.2**に示す[7]。

表7.2 代表的な圧電性結晶〔室温〕

結晶	結晶系	圧電率 (10^{-12}C/N)		相対誘導率	
ZnS	立方	d_{14}	3.18	ε_{11}	8.37
BaTiO$_3$	正方	d_{33}	85.6	ε_{33}	168
KH$_2$PO$_4$(KDP)	正方	d_{36}	21	ε_{33}	21
NH$_4$H$_2$PO$_4$(ADP)	正方	d_{36}	48	ε_{33}	15.4
KNaC$_4$H$_4$O$_6$·4H$_2$O（ロッシェル塩）(34℃)	斜方	d_{14}	345	ε_{11}	205
SiO$_2$(水晶)	三方	d_{11}	2.31	ε_{11}	4.52
LiNbO$_3$	三方	d_{33}	16.2	ε_{33}	28.6
LiTaO$_3$	三方	d_{33}	9.2	ε_{33}	44
CdS	六方	d_{33}	10.32	ε_{33}	10.33

〔物理学辞典 改訂版，物理学辞典編集委員会編，p.18，培風館（1992）〕

　圧電率は圧電効果によって生じた電気による電気分極と応力との関係を表す物質定数である。応力テンソルをX，電気分極ベクトルをPとすると

$$P = dX$$

と書かれ，ここで，dが圧電率である。

　おもに，圧電効果はセンサ，逆圧電効果はアクチュエータとして利用される。

7.4.2 力学的機能特性

　圧電セラミックス素子は粉末を焼成した多結晶体で，直流高電圧をかけて残留分極を生成する。これにより圧電性をもつ。アクチュエータとしての圧電セラミックス素子では発生変位は小さいが高周波数・高精度駆動に適し，素子の体積に比して大きな発生力がある。圧電セラミックス素子はアクチュエータと同時にセンサとしても利用される。

7.4.3 応　　　用

　圧電素子（piezoelectric element）は圧電効果および逆圧電効果をもつ素子で，圧電素子を**圧電変換器**（pizoelectric trasducer）に組み込み超音波モータ，圧電振動ジャイロ，圧電トランスなどが開発されている。

　図 7.5 にちょうつがい方式の顕微鏡用試料ホルダ機械的クランプを示す[8]。ここでは 20 層のセラミックス材料を用いている。200 V の電圧を 1 ms かけると 4 mm 厚さの多層膜で 4 μm の縦変位が生じ，先端の動きは 30 μm となる。

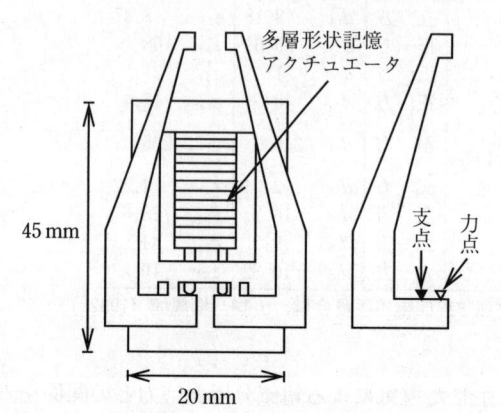

図 7.5　セラミックを使った機械的クランプ

〔K. Uchino : Shape Memory Materials, K. Otsuka and C. M. Wayman (eds.), p. 201, Cambridge University Press (1998)〕

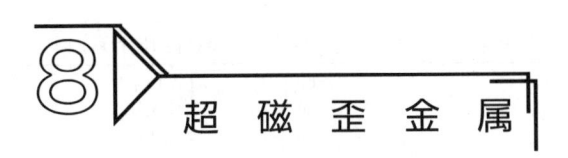

8 超磁歪金属

磁歪[1] (magnetostriction) とは磁性体を外部磁場により磁化すると磁性体が変形を起こす現象で，長さの変化率 $\delta l/l$ により表される。また，磁化によって体積が変化するような現象を**体積磁歪** (volume magnetostriction) と呼んでいる。強磁性体の場合，磁歪の大きさは外部磁場の増加とともに大きくなり，その過程で磁歪の値は磁性体の形状などの影響を受ける。磁化が飽和するとともに磁歪の値は飽和値である磁歪定数 λ に達するが，さらに外部磁場を増していくと強制的に磁気的スピンをそろえるために強制磁歪を示す。

図 8.1 に外部磁場による体積磁歪の変化を示す。磁歪には正磁歪と負磁歪とが定義されている。材料が磁力線の方向に伸び，それと直角方向には縮む場合が正磁歪，その逆の場合が負磁歪である。この λ は磁化の強さと方向，長さの測定方向，温度，周波数，材料の結晶構造，組織などによる。**超磁歪** (giant magnetostriction) ではこの磁歪現象が通常の磁歪の値をはるかに超える大きな値を示す。一般に λ の大きさは $10^{-5} \sim 10^{-6}$ 程度であるが，多結晶希土類合金において λ が数百から数千 $\times 10^{-6}$ の ETREMA Terfenol-D, Tb_x

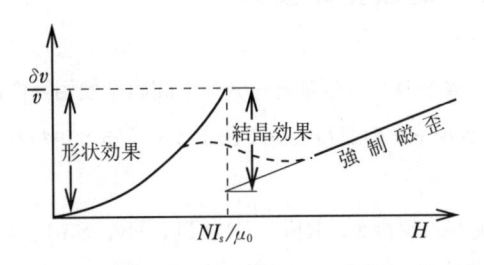

図 8.1 外部磁場による体積磁歪の変化

〔近角聰信：強磁性体の物理（下），p. 106，裳華房（1995）〕

$Dy_{1-x}Fe_{1.9\sim2.0}$ ($0.27 \leq x \leq 0.32$) が発明された。**表8.1**に希土類金属系磁歪材料と従来の材料の磁歪定数を示す[2]。

表8.1 希土類合金系磁歪材料（新材料）と磁歪材料（旧材料）のλ値（$\times 10^{-6}$）

2-17系	Sm_2Fe_{17}	-63	1-2系	YFe_2	1.7
	Dy_2Fe_{17}	-60		$SmFe_2$	-1560
	Ho_2Fe_{17}	-106		$CdFe_2$	39
	Er_2Fe_{17}	-55		$TbFe_2$ （結晶）	1753
	Tm_2Fe_{17}	-29		$Tb(NiFe)_2$	1151
	Y_2Co_{17}	80		$Tb(CoFe)_2$	1487
	Pr_2Co_{17}	336		$TbFe_2$ （アモルファス）	308
	Tb_2Co_{17}	207		$DyFe_2$	433
	Dy_2Co_{17}	73		$DyFe_2$ （アモルファス）	38
	Er_2Co_{17}	28		$HoFe_2$	80
	85 wt% Tb-15 wt% Fe	539		$ErFe_2$	80
	70 wt% Tb-30 wt% Fe	1590		$TmFe_2$	-123
	Tb_2Ni_{17}	-4	磁歪材料（旧材料）		
1-3系	YCo_3	0.4	金属合金系	Ni	-33
	$TbCo_3$	65		Co	-52
	$SmFe_3$	-211		Fe	-9
	$TbFe_3$	693		60% Co 40% Fe	68
	$DyFe_3$	352		60% Ni 40% Fe	25
	$HoFe_3$	57		87% Fe 13% Al	40
	$ErFe_3$	-69	フェライトガーネット系	$NiFe_2O_4$	-26
	$TmFe_3$	-43		$CoFe_2O_4$	-110
4-13系	$HoFe_{13}$	58		Fe_3O_4	40
	Er_4Fe_{13}	-36		$Y_3Fe_5O_{12}$	2
	Tm_4Fe_{13}	-25			

〔江田弘：知的複合材料と知的適応構造物，日本機械学会編，p.80，養賢堂（1996）〕

8.1 超磁歪の機構

磁歪の原因は3dまたは4f電子のもつ磁気モーメント間の交換相互作用によるエネルギーと磁気弾性エネルギーの兼ね合いで決まってくるといわれている。

Clarkらは希土類金属と鉄の二元合金，RFe_2（R＝Tb, Dy, Sm）が室温では10^{-3}を超える巨大な磁歪定数を示すことを発見した。彼らは$TbFe_2$と

DyFe$_2$ はともに正磁歪をもつが，TbFe$_2$ は大きな負の磁気異方性定数，DyFe$_2$ は大きな正の磁気異方性定数をもち，両者を組み合わせると磁気異方性定数の小さい正磁歪をもつ合金の作製の可能性に注目し，Terfenol-D，Tb$_x$Dy$_{1-x}$Fe$_{1.9\sim2.0}$ ($0.27\leq x \leq 0.32$) を開発した。

8.2　力学的機能特性

Terfenol-D はブリッジマン法によって作製される単結晶である。現在，Terfenol-D はバルク材と薄膜の両者の開発研究が進んでいる。ここではバルク材について述べる。超磁歪材料をアクチュエータとして使用するときには磁界を発生させるソレノイドコイルが必要となる。実際の使用の際にはコイルによる熱の発生などの問題がある。超磁歪材料は高温で使用され，応答性が早い，大きなひずみを示すなど圧電・電歪材料と類似の特性をもつ。表 8.2 には Terfenol-D とチタン酸ジルコン酸鉛の特性を示す[3]。

表 8.2　Terfenol-D と圧電材料の諸物性

物性＼材料	Terfenol-D	圧電材料
化学成分	Tb$_{0.27}$Dy$_{0.73}$Fe$_{2-x}$	チタン酸ジルコン酸鉛
密度〔kg/m^3〕	9.25×10^3	7.5×10^3
ヤング率 Y^H〔GPa〕	26.5	110
Y^B〔GPa〕	55.0	60
圧縮応力〔MPa〕	700	—
引張応力〔MPa〕	28	76
線膨張係数〔1/℃〕	12×10^{-6}	$(2\sim9)\times10^{-6}$
キュリー温度〔℃〕	387	300
磁歪/電歪	1 500〜2 000	400
結合係数	0.72	0.68
エネルギー密度〔J/m^3〕	14 000〜25 000	960

Y^H，Y^B：振動している材料のインピーダンス曲線の反共振動数 f_H および共振動数 f_B から計算さた値。

〔大亦絢一郎：インテリジェント材料・流体システム，谷順二編著，p.97，コロナ社（1999）〕

8.3 応　　　　用[3),4)]

　超磁歪材料ははじめバルク材として開発されたが，その後薄膜の分野で応用開発が行われた。バルク材としては Terfenol-D などを用いて超磁歪アクチュエータ，音響変換器，制振装置，リニアおよび回転モータ，小型モータなどへの応用開発が行われた。超磁歪薄膜としてはアモルファス TbFe，TbDyFe，SmFe などを用いて，マイクロマシーンのマイクロアクチュエータ，マイクロバルブなどがつくられている。

9 形状記憶複合材料

形状記憶合金を構成要素とした複合材を**形状記憶複合材料**（shape memory alloy composites）と呼び，通常の材料では実現できないような知的（インテリジェントな）機能を果たす材料として期待されている．本章では，まず9.1節でインテリジェント材料/構造について概説し，9.2節で形状記憶複合材料について説明する．

9.1 インテリジェント材料/構造[1)〜4)]

インテリジェント材料（知的材料）あるいはインテリジェント構造（知的構造）とは，生体を理想的なモデルとしたものであり，周囲の環境変化を自ら検知するセンサ機能，自ら考えるプロセッサ機能，自ら行動するアクチュエータ機能（エフェクタ機能ともいう）を備えた材料（構造）である．材料中に例えば損傷や劣化が進行している状態を考えよう．このとき，その状況を材料自身が検知し，自身の果たすべき機能（例えば，荷重を支えるという構造材料としての機能）を達成できないと判断したときには自ら修復して，もとの損傷や劣化がない状態に戻る．このようなことを可能にするのがインテリジェント材料である．

材料をインテリジェント化する方向としては，
・原子レベルあるいはメゾスコピック（100〜10 000個の原子集団）レベルで材料の微視構造を操作することによって新材料を創製する．
・材料中にセンサとアクチュエータを"埋め込む"ことによって複合化する．

などが考えられている。

前者の方法によるインテリジェント化として,つぎのような提案がなされている(図9.1参照)[2]。材料中に,強度特性や疲労特性を低下させないような,1μm程度の微粒子を混入して分散させる。材料が局所的に破壊したとき,そこにある微粒子から音波や電子が発生するので,き裂の進展を検知できる。また,損傷や劣化の発生/進行によって周囲の物理場が変化するので,それに誘起される形で微粒子に相変態あるいは酸化,拡散などの物理/化学過程が進むようにすれば,生じた損傷や劣化の修復が可能になる。通常のいわゆる分散粒子強化型複合材料では粒子が強度向上に重要な役割を果たすが,この提案では母材が材料の強度を受け持ち,微粒子はセンサ,プロセッサ,アクチュエータ機能を分担する。イオン加工技術やレーザ加工技術を利用して,原子・分子レベルでセンサ,増幅,論理判断,エフェクタ,メモリ機能などを具備した機能性極薄多層膜を製作するというコンセプトも提案されている。

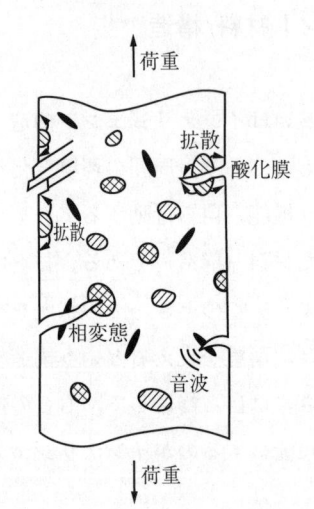

図9.1 インテリジェント材料の概念の一例

〔松岡三郎:金属,**4**,pp.56〜60 (1992)〕

セラミックスの分野で多くの研究成果が報告されている部分安定型ジルコニアセラミックスの**変態強化**(transformation toughening)[5]〜[7]は,相変態を利用した材料のインテリジェント化の一例である。セラミックスの欠点とされている脆性を向上させるために相変態現象を利用している。き裂先端では応力値

が大きくなるので，図9.2に示したように準安定正方晶（t相）粒子が応力誘起マルテンサイト変態して単斜晶（m相）となる[5]。このとき粒子に発生する変態膨張によって，き裂先端に圧縮応力が発生するので，き裂の開口が抑えられ，き裂の進展が抑制される。き裂先端での熱・力学的場に対して，4章で解説したような変態熱・力学解析を実行し，変態強化の評価（具体的には，き裂先端における脆性値の向上として評価する）を行うとともに，その結果を利用した材料設計が進行中である。セラミックス材料に対する，き裂の修復や材料劣化のモニタリングに関しても，さまざまな提案がなされている。

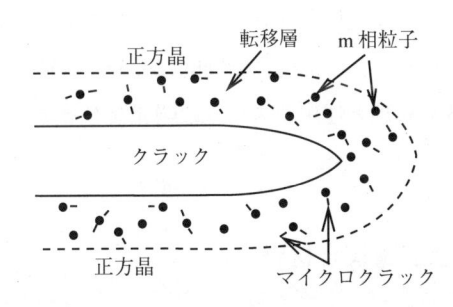

図9.2 ジルコニアセラミックスの変態強化機構

〔佐藤次雄，島田昌彦：セラミックス，**21**，pp. 616～619（1986）〕

　材料を複合化してインテリジェント材料をつくるための構成材料として，形状記憶合金のほかに圧電材料，磁歪材料，電磁粘性流体，機能性ポリマーなどが候補にあがり，材料自身の開発や挙動解析法の確立とともに，それを使ったインテリジェント構造（システム）の研究/開発が盛んに行われている[8]〜[10]。形状記憶合金を使う場合には，アクチュエータとしての駆動力（あるいはストローク）が大きい利点を利用する。マルテンサイト変態による発熱をどのように処理するかは，素子設計あるいはインテリジェントシステム開発の際につねに問題となる。したがって，形状記憶合金は，高周波の制御を要求するような用途には向かない。この点を克服する方向として，熱電気的現象を利用した形状記憶合金素子開発が行われていることを指摘しておこう[11]。

　インテリジェント材料/構造という概念から，システムの**ヘルスモニタリング**（health monitoring）[12],[13]という考え方が派生した。航空機システムに即して説明するとつぎのようになる。

航空機構造を構成する繊維強化複合材料に光ファイバを埋め込み，構造要素の成形時あるいは機体組立時に温度，応力その他の必要な物理量についての情報を収集する。むろんそのデータを使うことによって，適切な成形/組立作業を行うための指針を提示する。機体出荷時には，さまざまな情報が初期データとして機体に添付される。運航時にもデータを収集するとともに，異常事態における対処方法の決定や，定期補修項目の選定などに利用される。また，構造体の経時変化を記録することによって，構成要素や機体自身の残存寿命を算定し，廃機の時期を決定する。

このようなモニタリングシステムは，航空機に限らずすべての構造システムに応用できる。可能な限り多様な物理量を，時間的，空間的に連続に収集するためのセンサの開発，収集した情報の管理と運用システムの開発などがポイントとなる。

9.2 形状記憶複合材料

形状記憶複合材料については，材料開発から応用までの広い範囲にわたって，解説文献[14]で詳細に議論されている。材料的側面では，形状記憶効果を現す薄膜の開発と応用，高温で使用可能な形状記憶合金の開発，磁気による形状記憶効果の発現などが最近の話題である。ここでは，古屋によって提案された，Ni-Ti合金ファイバを使った，き裂進展抑制システム[15]~[18]について説明する。また，形状記憶複合材料の挙動解析の方法などについても触れる。

9.2.1 形状記憶複合材料の例[15]~[18]

図9.3に示したように，Ni-Ti合金ファイバ（0.4mm）を体積分率3%でAl母材中に埋め込む。低温のマルテンサイト相状態でファイバに引張予ひずみを与えておく。高温でファイバに逆変態が進行する際には，母相に拘束されて変態収縮が自由に起こらないので，4章で示したようにファイバには引張回復力が生じる。結果として母材には圧縮応力場が発生するので，き裂の開口が

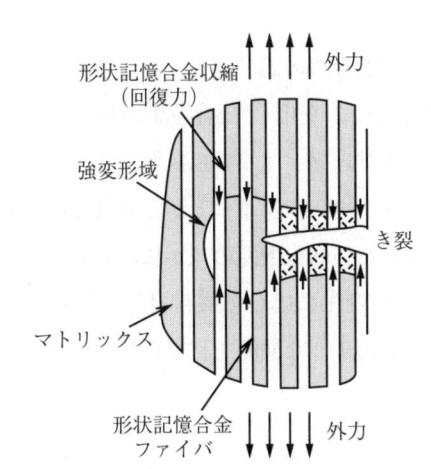

図9.3 形状記憶複合材料による
き裂進展抑制

〔古屋泰文：日本金属学会報, **9**, pp. 616〜618（1993）；古屋泰文，田谷稔：日本金属学会誌, **60**, pp. 1163〜1172（1996）；Y. Furuya：J. Intell. Mater. Syst. Struct., **7**, pp. 321〜330(1996)；古屋泰文：材料科学, **36**, pp. 293〜298（1999）〕

抑えられ，き裂の進展が抑制されることになる。低温でファイバに与える予ひずみの量を変化させることによって，き裂周囲に発生させる圧縮応力場の強さを制御することができる。この材料システムによって，実際に疲労き裂伝搬を抑制できることが示された。複合材料としての降伏応力や材料内の応力分布などをEshelbyの等価介在物理論を使って評価する方法も示されている。ファイバの体積分率，母材とファイバの界面におけるはく離を抑えるための熱処理条件，最適な予ひずみ量の選択，複合材料としての疲労やクリープなどの強度特性の把握などが実用化に向けての考察点である。

　この形状記憶複合材料を，つぎのように一つのインテリジェント材料システムとして使うことも可能である。複合材料の使用温度は，逆変態開始温度（A_f点）以下であるとする。したがって，形状記憶合金ファイバは，通常の繊維強化型複合材料のフィラーとして機能している。き裂がファイバに近づくと，その抵抗値が変化するので，ファイバの抵抗値をモニタすることによって，き裂が近づいてきたことを知ることができる。そのときファイバに通電して加熱し，逆変態を起こさせると，変態収縮による回復力が発生し，き裂先端

を圧縮応力場とすることができる。

熱・力学的には，通電によるファイバと母材の温度変化，発生する温度と応力場によるファイバにおける逆変態の進行，変化した温度/応力場によるき裂進展抑制の評価などが考察点となる。また，ファイバの抵抗値モニタリングとファイバへの通電量やタイミングをコントロールすることが，有効な制御系を構築する際の課題である。ここで説明した強靱化機能のほかに，変態によって変化する材料特性を利用して，外環境の変化に応じて複合材料の材料強度特性，材料形状，振動特性などを最適に選ぶような機能を材料自体に付け加えることに関しても考察が進んでいる。

9.2.2 形状記憶複合材料の挙動解析

形状記憶合金を母材（多くの場合高分子材料）に埋め込んで複合材料（形状記憶複合材料）をつくり，その挙動に関する考察を行うことは，形状記憶合金単体の挙動を記述する作業と並行して始まった。形状記憶合金自体はファイバ（1次元材料）であっても，複合材料全体の挙動を解析する場合には2次元あるいは3次元解析となること，4章で説明したように形状記憶合金挙動自身が変態に起因するものであり複雑であることなどが原因で，問題は簡単ではない。形状記憶合金の構成式としては4.1節で説明した多軸応力下の構成式系を使うことが多い。また解析には微視力学における Mori-Tanaka 理論や有限要素法による直接解析が多用されている。

形状記憶合金ファイバを棒に埋め込んで変形と座屈を調べたもの[19]，高分子材料や鉄基複合材料と形状記憶合金ファイバを複合化した材料に対して等価材料定数を導き，等温応力-ひずみヒステリシスや熱負荷による温度-ひずみヒステリシスなどを計算したもの[20],[21]，マルテンサイト変態/逆変態だけでなくR相変態とその逆変態も考慮して，複合材料の熱・力学的挙動を調べたもの[22],[23]，形状記憶複合材料の固有振動数を調べたもの[24]などがある。計算結果の妥当性を確認するための実験的研究[25]は今後の課題である。そのほかに，形状記憶複合材料に関して参照できるいくつかの論文をあげておく[26]~[28]。

参 考 文 献

1章
1) 舟久保熙康編：形状記憶合金，産業図書 (1984)
2) 特集・形状記憶合金とその応用，日本金属学会会報，**24**, 1 (1985)
3) 形状記憶合金用途開発委員会編：形状記憶合金とその使い方，日刊工業新聞社 (1987)
4) 鈴木雄一：実用形状記憶合金，工業調査会 (1987)
5) 田中喜久昭，戸伏壽昭，宮崎修一：形状記憶合金の機械的性質，養賢堂 (1993)
6) 宮崎修一，佐久間俊雄，渋谷壽一編：形状記憶合金の特性と応用展開，シーエムシー (2001)
7) 入江正浩監：形状記憶ポリマーの開発と応用，シーエムシー (1989)
8) 戸伏壽昭，林俊一：形状記憶ポリマーの開発と応用，機械の研究，**45**, 11, pp. 1136〜1141 (1993)
9) 戸伏壽昭，林俊一：ポリウレタン系形状記憶ポリマーの特性と応用，機械の研究，**46**, 6, pp. 646〜652 (1994)
10) 清水謙一，入江正浩，唯木次男：記憶と材料—入門形状記憶材料，共立出版 (1986)
11) 特集・形状記憶材料，金属，**59**, 8 (1989.8)
12) K. Otsuka and C. M. Wayman (eds.)：Shape Memory Materials, Cambridge (1998)
13) T. Saburi (ed).：Shape Memory Materials, Trans Tech Publications, Switzerland (2000)
14) 日本機械学会編：知的複合材料と知的適応構造物，養賢堂 (1996)
15) 谷順二編：インテリジェント材料・流体システム，コロナ社 (1999)

2章
1) L. Kaufman and M. Cohen：Progress in Metal Physics, vol. 7, B. Chalmers and R. King (eds.), p. 165, Pergamon Press (1958)
2) 田中喜久昭，戸伏壽昭，宮崎修一：形状記憶合金の機械的性質，p. 30, 養賢堂

参考文献

(1993)

以下 3)～18)にマルテンサイト変態，形状記憶合金および形状記憶効果・超弾性に関する文献の一部を示す．

3) 鈴木秀次：金属の物理的性質，日本物理学会編，p. 394，裳華房（1968）
4) 西山善次：マルテンサイト変態―基礎編―，丸善（1971）
5) 同上 ―応用編―，丸善（1974）
6) Z. Nishiyama: Martensitic Transformation, Academic Press Inc. (1978)
7) 本間敏夫：金属物性基礎講座 第9巻，固体動力学II，日本金属学会編，p. 153 丸善（1978）
8) 舟久保熙康編：形状記憶合金，産業図書（1984）
9) 鈴木雄一：実用形状記憶合金，工業調査会（1987）
10) 鈴木雄一：形状記憶合金のはなし，日刊工業新聞社（1988）
11) G. B. Olson and W. S. Owen (eds.): Martensite, The Materials Information Society (1992)
12) 藤田英一：金属物理 ―材料科学の基礎―，p. 411，アグネ技術センター（1996）
13) 根岸朗：形状記憶合金のおはなし，日本規格協会（1997）
14) K. Otsuka and C. M. Wayman (eds.): Shape Memory Materials, Cambridge University Press (1998)
15) 大塚和弘：金属便覧 改訂6版，日本金属学会編，p. 241，丸善（2000）
16) 松本實：金属便覧 改訂6版，日本金属学会編，p. 780，丸善（2000）
17) 宮崎修一，佐久間俊雄，渋谷壽一：形状記憶合金の特性と応用展開，シーエムシー（2001）
18) ICOMAT (International Conference on Martensitic Transformations) 1976年以来ほぼ3年ごとに開かれるマルテンサイト変態・形状記憶合金に関する国際会議．Proceedings が出版されている．
19) 鈴木雄一：実用形状記憶合金，工業調査会（1987）
20) 井上明久：金属便覧 改訂6版，日本金属学会編，p. 177，丸善（2000）
21) 松本實：東北大学選鉱製錬研究所彙報，**47**, p. 141（1991）
22) 松本實：東北大学素材工学研究所彙報，**50**, 1, 2, p. 67（1994）
23) M. Suzuki, M. Ohtsuka, T. Suzuki, M. Matsumoto and H. Miki: Mater. Trans., JIM, **40**, p. 1174 (1999)
24) 宮崎修一：応用物理，**69**, p. 38（2000）
25) 守護嘉朗，山内清，宮川量，本間敏夫：東北大学選鉱製錬研究所彙報，**38**, 1,

p. 11 (1982)
26) 舟久保熙康編, 形状記憶合金, p. 74, 産業図書 (1986)
27) 星屋泰二, 田昭治, 勝田博司, 安藤弘栄:日本金属学会誌, **56**, p. 747 (1992)
28) T. Honma, M. Matsumoto, Y. Shugo, M. Nishida and I. Yamazaki: Proceedings of 4 th International Conference on Titanium, p. 1455 (1980)
29) 大森守:まてりあ, **39**, p. 54 (2000)
30) Z. Wang, M. Matsumoto, T. Abe, K. Oikawa, J. Qiu, T. Takagi and J. Tani: Materials Science Forum, **327-328**, p. 489 (2000)
31) A. N. Vasil'ev, A. D. Bozhko, V. V. Khovailo, I. E. Dikshtein, V. G. Shavrov, V. D. Buchelnikov, M. Matsumoto, S. Suzuki, T. Takagi and J. Tani: Phys. Rev., B, **59**, p. 1113 (1999)
32) P. J. Webster, K. R. A. Ziebeck, S. L. Town and M. S. Peak: Philos. Mag., **49**, p. 295 (1984)
33) M. Matsumoto, T. Takagi, J. Tani, T. Kanomata, N. Muramatsu and A. N. Vasil'ev: Mater. Sci. Eng., **A273-275**, p. 326 (1999)
34) M. Ohtsuka, M. Matsumoto and K. Itagaki: Transactions of the Material Society of Japan, **26**, 1, p. 201 (2001)
35) M. Ohtsuka and K. Itagaki: International Journal of Applied Electromagnetics and Mechanics, **12**, p. 49 (2000)
36) M. Ohtsuka, M. Matsumoto and K. Itagaki: Transactions of the Materials Society of Japan, **26**, 1, p. 201 (2001)
37) M. Ohtsuka, M. Matsumoto, K. Itagaki, A. A. Cherechukin and E. P. Krasnoperov: Proceedings of International Conference "Functional Materials", p. 159 (2001)
38) M. Matsumoto and T. Honma: Proceedings of the First Japan Institute of Metals International Symposium, Supplement to Trans. JIM, **17**, p. 199 (1976)
39) K. Niita, S. Watanabe, N. Masahashi, H. Hosoda, S. Hanada: Structural Biomatrials for the 21st Century, M. Niinomi, T. Okabe, E. M. Taleff, D. R. Lesuer and H. E. Lippard (eds.), TMS (2001)
40) 角田方衛, 筏義人, 立石哲也編:金属系バイオマテリアルの基礎と応用, アイピーシー (2000)
41) 古屋泰文, 島田平八, 松本實, 本間敏夫:日本金属学会誌, **52**, 2, p. 139 (1988)
42) 古屋泰文, 島田平八, 松本實, 本間敏夫:日本金属学会誌, **52**, 5, p. 448 (1988)

43) 田中喜久昭，戸伏壽昭，宮崎修一：形状記憶合金の機械的性質，p. 51，養賢堂 (1993)；S. Miyazaki, Y. Ohmi, K. Otsuka, Y. Suzuki：J. de Physique C 4 sup no 12 Tom 43 (1982) C 4-255
44) 田中喜久昭，戸伏壽昭，宮崎修一：形状記憶合金の機械的性質，p. 47，養賢堂 (1993)
45) 田中喜久昭，戸伏壽昭，宮崎修一：形状記憶合金の機械的性質，p. 103，養賢堂 (1993)
46) 田中喜久昭，戸伏壽昭，宮崎修一：形状記憶合金の機械的性質，p. 44，養賢堂 (1993)
47) 鈴木雄一：実用形状記憶合金，p. 7，工業調査会 (1987)
48) 田中喜久昭，戸伏壽昭，宮崎修一：形状記憶合金の機械的性質，p. 55，養賢堂 (1993)；井口信洋：機械の研究，**38**, p. 953 (1986)
49) 日本規格協会編：JISハンドブック ③非鉄，p. 1356 (2004)

3章

1) 宮崎修一，坂本英和：形状記憶合金の繰返し特性，日本金属学会会報，**24**, 1, pp. 33〜40 (1985)
2) 宮崎修一：形状記憶合金の機能劣化，材料科学，**27**, 2, pp. 59〜67 (1990)
3) S. Miyazaki：Thermal and Stress Cycling Effects and Fatigue Properties of Ni-Ti Alloys, Engineering Aspects of Shape Memory Alloys, T. W. Duerig, K. N. Melton, D. Stockel and C. M. Wayman(eds.), pp. 394〜413, Butterworth- Heinemann (1990)
4) 伊見亮，戸伏壽昭，林萍華，山田真也：TiNi形状記憶合金の繰返し変形特性 (マルテンサイト変態とR相変態に伴う形状記憶効果)，日本機械学会論文集A, **61**, 592, pp. 2629〜2635 (1995)
5) 伊見亮，戸伏壽昭，山田真也，蜂須賀孝，田中喜久昭：ひずみおよび温度の変動を受けるTiNi形状記憶合金の変形特性，日本機械学会論文集A, **62**, 596, pp. 1038〜1044 (1996)
6) H. Naito, J. Sato, K. Funami, Y. Matsuzaki and T. Ikeda：Analytical study on training effect of pseudoelastic transformation of shape memory alloys in cyclic loading, Journal of Intelligent Material Systems and Structures, **12**, 4, pp. 295〜300 (2001)
7) 戸伏壽昭，大橋義夫，川口稔：Ti-Ni合金の繰返し変態擬弾性におけるひずみエネルギー(エネルギー貯蔵と防振特性)，材料，**39**, 444, pp. 1242〜1247 (1990)

8) S. Miyazaki, T. Imai, Y. Igo and K. Otsuka : Effect of cyclic deformation on the pseudoelasticity characteristics of Ti-Ni alloys, Metallurgical Transactions A, **17A**, pp. 115〜120 (1986)

9) 戸伏壽昭, 山田真也, 蜂須賀孝, 田中喜久昭：TiNi 形状記憶合金の変態擬弾性特性に対するひずみ速度の影響, 日本機械学会論文集 A, **64**, 621, pp. 1288〜1295 (1998)

10) 占野栄朗, 戸伏壽昭, 高田和幸, S. P. Gadaj, W. K. Nowacki : TiNi 形状記憶合金の変態擬弾性挙動に対するひずみ速度の影響, 日本機械学会論文集 A, **66**, 643, pp. 496〜501 (2000)

11) D. Wolons, F. Gandhi and B. Malovrh : Experimental investigation of the pseudoelastic hysteresis damping characteristics of shape memory alloy wires, Journal of Intelligent Material Systems and Structures, **9**, 2, pp. 116〜126 (1998)

12) 蜂須賀孝, 戸伏壽昭, 田中喜久昭, 橋本隆弘：TiNi 形状記憶合金の R 相変態における 2 方向変形, 日本機械学会論文集 A, **64**, 617, pp. 178〜185 (1998)

13) 戸伏壽昭, 木村君男, 田中喜久昭, 堀達哉, 沢田隆之：TiNi 形状記憶合金の変形挙動(一定温度下および一定応力下での繰返し特性), 材料, **40**, 457, pp. 1276〜1282 (1991)

14) 林萍華, 戸伏壽昭, 田中喜久昭, 服部丈晴, 牧田昌之：TiNi 形状記憶合金の回復応力（第 1 報, 残留ひずみ一定下での特性）, 日本機械学会論文集 A, **60**, 569, pp. 113〜119 (1994)

15) 林萍華, 戸伏壽昭, 木村君男, 岩永弘之, 服部丈晴：TiNi 形状記憶合金の回復応力（第 2 報, 最大ひずみ一定下での特性）, 日本機械学会論文集 A, **60**, 569, pp. 120〜125 (1994)

16) 戸伏壽昭, 田中喜久昭, 堀達哉, 沢田隆之, 服部丈晴：種々の熱・力学経路を受ける TiNi 形状記憶合金の繰返し変形, 日本機械学会論文集 A, **58**, 552, pp. 1411〜1416 (1992)

17) 林萍華, 戸伏壽昭, 田中喜久昭, 服部丈晴, 内野敬一：TiNi 形状記憶合金のマルテンサイト変態と R 相変態に伴う変形特性, 日本機械学会論文集 A, **60**, 569, pp. 126〜133 (1994)

18) 戸伏壽昭, 林萍華, 服部丈晴, 牧田昌之：TiNi 形状記憶合金の繰返し変形特性, 日本機械学会論文集 A, **59**, 562, pp. 1497〜1504 (1993)

19) 田中喜久昭, 戸伏壽昭, 宮崎修一：形状記憶合金の機械的性質, pp. 103〜106, 養賢堂 (1993)

20) 林萍華,戸伏壽昭,田中喜久昭,服部丈晴,牧田昌之:ひずみ変動を受けるTiNi形状記憶合金の変態擬弾性挙動,日本機械学会論文集A,**60**, 574, pp. 1390〜1396 (1994)

21) 戸伏壽昭,奥村佳代,遠藤雅人,田中喜久昭:ひずみ制御と応力制御でのTiNi形状記憶合金の変形挙動,日本機械学会論文集A,**67**,661,pp. 1443〜1450 (2001)

22) 堀達哉,戸伏壽昭,大橋義夫,齋田治男:TiNi形状記憶合金の繰返し変形特性(バイアス式2方向性形状記憶素子の挙動),日本機械学会論文集A,**57**, 537, pp. 1169〜1174 (1991)

23) 武沢和義,佐藤進一:可逆形状記憶効果,日本金属学会会報,**24**, 1, pp. 9〜12 (1985)

24) 佐久間俊雄,岩田宇一:TiNiCu形状記憶合金の繰返し変形特性(加熱・冷却温度一定下におけるひずみの影響),日本機械学会論文集A,**63**, 610, pp. 1320〜1326 (1997)

25) 佐久間俊雄,岩田宇一,高久啓,仮屋房亮,越智保雄,松村隆:熱・力学繰返し条件下におけるTi-Ni-Cu形状記憶合金の疲労寿命,日本機械学会論文集A,**66**, 644, pp. 748〜754 (2000)

26) 浅岡照夫,山下英明:水素環境下におけるTi-Ni-Cu合金の形状記憶特性,日本機械学会論文集A,**59**, 567, pp. 2729〜2735 (1993)

27) 宮崎修一,佐久間俊雄,渋谷壽一編:形状記憶合金の特性と応用展開, pp. 61〜91,シーエムシー (2001)

28) 徳田正孝, P. Sittner,高倉正佳,土師学:多結晶形状記憶合金の多軸構成方程式(第2報,実験的根拠),日本機械学会論文集A,**66**, 650, pp. 1943〜1948 (2000)

29) 文献27)の pp. 104〜112

30) 宮崎修一:形状記憶合金の疲労,材料,**39**, 445, pp. 1329〜1339 (1990)

31) 田中喜久昭,戸伏壽昭,宮崎修一:形状記憶合金の機械的性質, pp. 165〜194,養賢堂 (1993)

32) 渋谷寿一:形状記憶合金の強度と破壊─活動報告─,日本機械学会講演論文集, No. 00-3, pp. 167〜172 (2000)

33) 宮崎修一,佐久間俊雄,渋谷壽一編:形状記憶合金の特性と応用展開, pp. 23〜60,シーエムシー (2001)

34) 船久保熙康編:形状記憶合金, pp. 111〜127,産業図書 (1984)

35) 形状記憶合金用途開発委員会編:形状記憶合金とその使い方, pp. 15〜19,日

刊工業新聞社（1987）
36) 服部成雄，小山田修，榎本邦夫：原子力プラントへの形状記憶合金の適用，日本機械学会講演論文集，No. 00-3, pp. 185～190（2000）
37) 戸伏壽昭，林萍華，伊貝亮，山田真也：TiNi 形状記憶合金線材の回転曲げ疲労試験，日本機械学会論文集 A，**61**, 591, pp. 2355～2361（1995）
38) 戸伏壽昭，伊貝亮，山田真也，林萍華：TiNi 形状記憶合金線材の回転曲げ疲労，日本機械学会論文集 A，**62**, 599, pp. 1543～1548（1996）
39) 橋本隆弘，戸伏壽昭，中原崇文，占野栄朗：TiNi 形状記憶合金の低サイクル疲労と疲労寿命の定式化，日本機械学会論文集 A，**64**, 626, pp. 2548～2554（1998）
40) 三栗谷理，中原崇文，戸伏壽昭，渡辺英雄：TiNi 形状記憶合金の低サイクル疲労における温度上昇の推算，日本機械学会論文集 A，**65**, 633, pp. 1099～1104（1999）
41) 三田俊裕，三角正明，大久保雅文：TiNi 形状記憶合金コイルばねの熱サイクル低ひずみ疲労における疲労き裂進展挙動，日本機械学会論文集 A，**64**, 618, pp. 278～283（1998）
42) 佐久間俊雄，岩田宇一，高久啓，仮屋房亮，越智保雄，松村隆：熱・力学的繰返し条件下における Ti-Ni-Cu 形状記憶合金の疲労寿命，日本機械学会論文集 A，**66**, 644, pp. 748～754（2000）
43) 戸伏壽昭，中川健一，岩永弘之，遠藤雅人：TiNi 形状記憶合金線材の曲げ疲労寿命および破断面の形態に及ぼすひずみ比と雰囲気の影響，日本機械学会論文集 A，**69**-678, pp. 420～426（2003）
44) 天野和雄，小山田修，榎本邦夫，松本純，朝田泰英：Ni-Ti-Nb 系形状記憶合金の疲労強度に及ぼす表面粗さと Ti 基析出物の影響，日本機械学会論文集 A，**65**, 634, pp. 1363～1369（1999）
45) R. L. Holtz, K. Sadananda and M. A. Iman：Fatigue thresholds of Ni-Ti alloy near the shape memory transition temperature, International Journal of Fatigue, **21**, pp. S 137～S 145（1999）
46) A. L. McKelvey and R. O. Ritchie：Fatigue-crack growth behavior in the superelastic and shape-memory alloy nitinol, Metallurgical and Materials Transactions A, **32A**, pp. 731～743（2001）
47) 木村雄二，佐久間俊雄，岩田宇一：形状記憶合金の腐食特性とその表面性状依存性，日本機械学会講演論文集，No. 00-3, pp. 181～184（2000）
48) 三角正明，三田俊裕：コイルばねの疲労，文献 33）の pp. 47～53

4章

1) 田中喜久昭，井上達雄，長岐滋：弾性力学と有限要素法，大河出版（1994）
2) 井上達雄，田中喜久昭，長岐滋：固体力学と相変態の解析，大河出版（1995）
3) F. D. Fischer, M. Berveiller, K. Tanaka and E. R. Oberaigner：Continuum mechanical aspects of phase transformations in solids, Arch. Appl. Mech., **63**, pp. 54〜85（1994）
4) F. D. Fischer, Q. P. Sun and K. Tanaka：Transformation induced plasticity (TRIP), Appl. Mech. Reviews, **49**, pp. 317〜364（1996）
5) F. D. Fischer, E. R. Oberaigner, G. Reisner, Q. P. Sun and K. Tanaka：Shape memory alloys (SMAs)—Their properties and their modelling, Revue euro. elements finis, **7**, pp. 9〜34（1998）
6) 田中喜久昭：形状記憶合金の熱・力学，材料，**48**, pp. 1341〜1349（1999）
7) K. Tanaka：A thermomechanical sketch of shape memory effect：One-dimensional tensile behavior, Res Mech., **18**, pp. 251〜263（1986）
8) K. Tanaka, S. Kobayashi and Y. Sato：Thermomechanics of transformation pseudoelasticity and shape memory effect in alloys, Int. J. Plasticity, **2**, pp. 59〜72（1986）
9) D. P. Koistinen and R. E. Marburger：A general prescribing the extent of the austenite-martensite transformation in pure iron-carbon alloys and plain carbon steel, Acta Metall., **7**, p. 59（1959）
10) 舟久保熙康：形状記憶合金，産業図書（1984）
11) 田中喜久昭，戸伏壽昭，宮崎修一：形状記憶合金の機械的性質，養賢堂（1993）
12) F. Nishimura, N. Watanabe and K. Tanaka：Analysis of uniaxial stress-strain-temperature hysteresis in an Fe-based shape memory alloy under thermomechanical loading, Comput. Mater. Sci., **8**, pp. 349〜362（1997）
13) 貝沼亮介：形状記憶効果と鉄系形状記憶合金，ふぇらむ，**4**, pp. 230〜237（1999）
14) P. H. Leo, T. W. Shield and O. P. Bruno：Transient heat transfer effects on the pseudoelastic behavior of shape-memory wires, Acta Metall. Mater., **41**, pp. 2477〜2485（1993）
15) L. C. Brinson, A. Bekker and S. Hwang：Deformation of shape memory alloys due to thermo-indcued transformation, J. Intell. Material Syst. Structures, **7**, pp. 97〜107（1996）
16) K. Wu, F. Yang, Z. Pu and J. Shi：The effect of strain rate on detwinning and

superelastic behavior of NiTi shape memory alloys, J. Intell. Material Syst. Structrues, **7**, pp. 138~144 (1996)

17) C. Liang and C. A. Rogers : A multi-dimensional constitutive model for shape memory alloys, J. Engng Math., **26**, pp. 429~443 (1992)

18) X. D. Zhang, C. A. Rogers and C. Liang : Modelling of the two-way shape memory effect, Phil. Mag. A, **65**, pp. 1199~1215 (1992)

19) L. C. Brinson and R. Lammering : Finite element analysis of the behavior of shape memory alloys and their applications, Int. J. Solids Structures, **30**, pp. 3261~3280 (1993)

20) J. G. Boyd and D. C. Lagoudas : Thermomechanical response of shape memory composites, J. Intell. Mater. Syst. Structures, **5**, pp. 333~346 (1994)

21) M. Kawai, H. Ogawa, V. Baburaj and T. Koga : Multiaxial consitutive modelling for R-phase and M-phase transformations of TiNi shape memory alloys, Arch. Mech., **51**, pp. 665~692 (1999)

22) J. B. Leblond, J. Devaux and J. C. Devaux : Mathematical modelling of transformation plasticity in steels, I : Case of ideal-plastic phases, Int. J. Plasticity, **5**, pp. 551~572 (1989)

23) F. Falk : One-dimensional model of shape memory alloys, Arch. Mech., **35**, pp. 63~84 (1983)

24) I. Müller : On the size of the hysteresis in pseudoelasticity, Continuum Mech. Thermodyn., **1**, pp. 125~142 (1989)

25) I. Müller and Huibin Xu : On the pseudo-elastic hysteresis, Acta Metall. Mater., **39**, pp. 263~271 (1991)

26) B. Raniecki, C. Lexcellent and K. Tanaka : Thermodynamic model of pseudoelastic behaviour of shape memory alloys, Arch. Mech., **44**, pp. 261~284 (1992)

27) B. Raniecki and C. Lexcellent : Thermodynamics of isotropic pseudoelasticity in shape memory alloys, Eur. J. Mech. A/Solids, **17**, pp. 185~205 (1998)

28) T. Kamita and Y. Matsuzaki : One-dimensional pseudoelastic theory of shape memory alloys, Smart Mater. Struct., **7**, pp. 489~495 (1998)

29) Y. Matsuzaki, T. Kamita and T. Yamamoto : Vibration characteristics of shape memory alloys, Smart Structures and Materials 1998 : Smart Structures and Integrated Systems, SPIE, **3329**, pp. 562~569 (1998)

30) S. Leclercq and C. Lexcellent : A general macroscopic description of the thermomechanical behavior of shape memory alloys, J. Mech. Phys. Solids, **44**, pp. 953〜980 (1996)
31) M. Huang and L. C. Brinson : A multivariant model for single cyrstal shape memory alloy behavior, J. Mech. Phys. Solids, **46**, pp. 1379〜1409 (1998)
32) Z. Bo and D. C. Lagoudas : Thermomechanical modelling of polycrystalline SMAs under cyclic loading, Part I - IV, Int. J. Engng Sci., **37**, pp. 1089 〜 1249 (1999)
33) M. Berveiller and F. D. Fischer (eds.) : Mechanics of Solids with Phase Changes, Springer-Verlag (1997)
34) C. L. Magee : The nucleation of martensite, H. I. Aaronson (ed.), Phase Transformations, pp. 115〜156, AMS, Metals Park (1969)
35) D. J. Barrett : A three-dimensional phase transformation model for shape memory alloys, J. Intell. Material Syst. Structures, **6**, pp. 831〜839 (1995)
36) H. Tobushi, S. Yamada, T. Hachisuka, A. Ikai and K. Tanaka : Thermomechanical properties due to martensitic and R-phase transformations of TiNi shape memory alloy subjected to cyclic loadings, Smart Mater. Struct., **5**, pp. 788〜795 (1996)
37) A. Bekker and L. C. Brinson : Temperature-induced phase transformation in a shape memory alloy : Phase diagram based kinetics approach, J. Mech. Phys. Solids, **45**, pp. 949〜988 (1997)
38) K. Tanaka, F. Nishimura, H. Kato and S. Miyazaki : Transformation thermomechanics of R-phase in TiNi shape memory alloys, Arch. Mech., **49**, pp. 547〜572 (1997)
39) A. Bekker and L. C. Brinson : Phase diagram based description of the hysteresis behavior of shape memory alloys, Acta Mater., **46**, pp. 3649 〜 3665 (1998)
40) 林萍華，戸伏壽昭，田中喜久昭，伊貝亮：TiNi 形状記憶合金の変形特性，日本機械学会論文集 A，**60**, pp. 1660〜1667 (1994)
41) 林萍華，戸伏壽昭，田中喜久昭，服部丈晴，内野敬一：TiNi 形状記憶合金のマルテンサイト変態とR相変態の伴う変形特性，日本機械学会論文集 A，**60**, pp. 126〜133 (1994)
42) Q. P. Sun and K. C. Hwang : Micromechanics modelling for the constitutive behavior of polycrystalline shape memory alloys-I, II, J. Mech. Phys. Solids,

41, pp. 1〜17, pp. 19〜33 (1993)
43) A. Amengual, E. Cesari and C. Segui : Subloop behaviour in thermoelastic martensitic transformations, Proc. ICOMAT 92, pp. 377〜382 (1994)
44) Yu. I. Paskal and L. A. Monasevich : Hysteresis features of the martensitic transformation of titanium nicklide, Phys. Met. Metallogr., **53**, pp. 95〜99 (1981)
45) K. Tanaka, F. Nishimura and H. Tobushi : Phenomenological analysis on subloops in shape memory alloys due to incomplete transformations, J. Intell. Material Syst. Structures, **5**, pp. 487〜493 (1994)
46) F. Nishimura, N. Watanabe and K. Tanaka : Transformation lines in an Fe-based shape memory alloy under tensile and compressive stress states, Mater. Sci. Engng A, **221**, pp. 134〜142 (1996)
47) 戸伏壽昭, 岩永弘之, 田中喜久昭, 堀達哉, 沢田隆之 : 熱・力学サイクルを受ける TiNi 形状記憶合金の応力-ひずみ-温度関係, 日本機械学会論文集 A, **57**, pp. 2747〜2752 (1991)
48) F. Nishimura and K. Tanaka : Phenomenological analysis of thermomechanical training in an Fe-based shape memory alloy, Computational Mater. Sci., **12**, pp. 26〜38 (1998)
49) J. A. Shaw and S. Kyriakides : Thermomechanical aspects of NiTi, J. Mech. Phys. Solids, **43**, pp. 1243〜1281 (1995)
50) J. A. Shaw and S. Kyriakides : On the nucleation and propagation of phase transformation fronts in a NiTi alloy, Acta Mater., **45**, pp. 683〜700 (1997)
51) J. A. Shaw and S. Kyriakides : Initiation and propagation of localized deformation in elasto-plastic strips under uniaxial tension, Int. J. Plasticity, **13**, pp. 837〜871 (1998)
52) 林萍華, 戸伏壽昭, 田中喜久昭, 服部丈晴, 牧田昌之 : ひずみ変動を受ける TiNi 形状記憶合金変態擬弾性挙動, 日本機械学会論文集 A, **60**, pp. 1390〜1396 (1994)
53) K. Tanaka, F. Nishimura, M. Matsui, H. Tobushi and P.-H. Lin : Phenomenological analysis of plaetaus on stress-strain hysteresis in TiNi shape memory alloy wires, Mech. Materials, **24**, pp. 19〜30 (1996)
54) 高橋寛 : 多結晶塑性論, コロナ社 (1999)
55) F. Falk : Pseudoelastic stress-strain curves of polycrystalline shape memory alloys calculated from single crystal data, Int. J. Engng Sci., **27**, pp.

277～284 (1989)
56) N. Ono : Pseudoelastic deformation in a polycrystalline Cu-Zn-Al shape memory alloy, Materials Trans., JIM, **31**, pp. 381～385 (1990)
57) K. Tanaka, D. Hasegawa, H. J. Böhm and F. D. Fischer : Overall thermomechanical behavior of shape memory alloys ; A micromechanical approach based on mean field theory, Mater. Sci. Research Int., **1**, pp. 23～30 (1995)
58) X. K. Lu and G. J. Weng : Martensitic transformation and stress-strain relations of shape-memory alloys, J. Mech. Phys. Solids, **45**, pp. 1905～1928 (1997)
59) 徳田正孝, P. Sittner : 複合負荷条件下の形状記憶合金, 機械の研究, **49**, (1997)
60) A. H. Y. Lue, 友田陽, 田谷稔, 井上漢龍, 森勉 : 相変態の結晶学 : 熱力学的知見に基づく TiNiCu 形状記憶合金多結晶体の変形特性予測, 日本機械学会第 76 期全国大会講演論文集 (I), No 98-3, pp. 65～66 (1998)
61) X. K. Lu and G. J. Weng : A self-consistent model for the stress-strain behavior of shape-memory ally polycrystals, Acta Mater., **46**, pp. 5423～5433 (1998)
62) K. Tanaka, D. Ohnami, T. Watanabe and J. Kosegawa : Micromechanical simulations of thermomechanical behavior in shape memory alloys : Transformation conditions and thermomechanical hystereses, Mech. Materials, **34**, pp. 279～298 (2002)
63) K. Kitajima, N. Sato, K. Tanaka and S. Nagaki : Crystal-based simulations in transformation thermomechanics of shape memory alloys, Int. J. Plasticity, **18**, pp. 1527～1559 (2002)
64) T. Saburi and C. M. Wayman : Crystallographic similarities in shape memory martensites, Acta Metall., **27**, pp. 979～995 (1979)
65) K. Nagayama, T. Terasaki, K. Tanaka, F. D. Fischer, T. Antretter, G. Cailletaud and F. Azzouz : Mechanical properties of a Cr-Ni-Mo-Al-Ti maraging steel in the process of martensitic transformation, Mater. Sci. Engng A, **308**, pp. 25～37 (2001)
66) K. Nagayama, T. Terasaki, S. Goto, K. Tanaka, F. D. Fischer, T. Antretter, G. Cailletaud and F. Azzouz : Back stress evolution and iso-volume fraction lines in a Cr-Ni-Mo-Al-Ti maraging steel in the process of martensitic transformation, Mater. Sci. Engng A, **336**, pp. 30～38 (2002)

67) K. Tanaka, T. Terasaki, S. Goto, T. Antretter, F. D. Fischer and G. Cailletaud : Effect of back stress evolution due to martensitic transformation on iso-volume fraction lines in a Cr-Ni-Mo-Al-Ti maraging steel, Mater. Sci. Engng A, **341**, pp. 189~196 (2002)

68) A. S. Kahn and S. Huang : Continuum Theory of Plasticity, John Wiley & Sons (1995)

69) A. C. Eringen : Continuum Physics, vol. II Continuum Mechanics of Single-Substance Bodies, Academic Press (1975)

70) G. A. Maugin : The Thermomechanics of Plasticity and Fracture, Cambridge University Press (1992)

71) K. Tanaka, E. R. Oberaigner and F. D. Fischer : A unified theory on thermomechanical mesoscopic behavior of alloy materials in the process of martensitic transformation, L. C. Brinson and B. Moran (eds.), Mechanics of Phase Transformations and Shape Memory Alloys, AMD-vol. 189/PVP-vol. 292, ASME, pp. 151~157 (1994)

72) W. Huang : Yield surfaces of shape memory alloys and their applications, Acta Mater., **47**, pp. 2769~2776 (1999)

73) C. Rogueda, C. Lexcellent and L. Bocher : Experimental study of pseudoelastic behviour of a CuZnAl polycrystalline shape memory alloy under tension-torsion proportional and non-proportional loading tests, Arch. Mech., **48**, pp. 1025 ~ 1045 (1996)

74) F. Nishimura, N. Watanabe, T. Watanabe and K. Tanaka : Transformation conditions in an Fe-based shape memory alloy uner tensile-torsional loads : Martensite start surface and austenite start/finish planes, Mater. Sci. Engng A, **264**, pp. 232~244 (1999)

75) K. Tanaka, and T. Watanabe : Transformation conditions in an Fe-based shape memory alloy : An experimental study, Arch. Mech., **51**, pp. 805~832 (1999)

76) B. Raniecki, S. Miyazaki, K. Tanaka, L. Dietrich and C. Lexcellent : Deformation behaviour of TiNi shape memory alloy-undergoing R-phase reorientation in torsion-tension (compression) tests, Arch. Mech., **51**, pp. 745~784 (1999)

5章

1) Y. Suzuki and H. Horikawa : Mat. Res. Soc. Symp. Proc., **246**, p. 389 (1992)
2) H. Tamura, Y. Suzuki and T. Todoroki : Proc. Int. Conf. on Martensitic Transformations, Japan Inst. Metal, p. 736 (1986)
3) Y. Tsuzuki and H. Horikawa : Furukawa Rev., **9**, p. 18 (1991)
4) H. Horikawa : Proc. of the First European Conf. on Shape Memory and Superelastic Technologies, p. 256 (1999)
5) I. Ohkata and H. Tamura : Mat. Res. Soc. Symp. Proc., **459**, p. 345 (1997)
6) 堀川宏, 植木達彦：チタン, **43**, 2, p. 83 (1995)
7) 堀川宏, 岩崎敬三：第206回塑性加工シンポジウム概要集 (2001)

6章

1) 入江正浩監：形状記憶ポリマーの開発と応用, シーエムシー (1989)
2) 清水謙一, 入江正浩, 唯木次男：記憶と材料―入門形状記憶材料, pp. 121～158, 共立出版 (1986)
3) 石井正雄：形状記憶樹脂の開発の現状, 金属, **59**, 8, pp. 31～40 (1989.8)
4) 戸伏壽昭, 林俊一：形状記憶ポリマーの開発と応用, 機械の研究, **45**, 11, pp. 1136～1141 (1993)
5) 戸伏壽昭, 林俊一：ポリウレタン系形状記憶ポリマーの特性と応用, 機械の研究, **46**, 6, pp. 646～652 (1994)
6) R. M. Christensen : Theory of Viscoelasticity, An Introduction, 2 nd ed., pp. 21～25, Academic Press (1982)
7) 戸伏壽昭, 林俊一, 伊貝亮, 原永志：ポリウレタン系形状記憶ポリマーフィルムの基本変形特性, 日本機械学会論文集A, **62**, 594, pp. 576～582 (1996)
8) 戸伏壽昭, 林俊一, 小島伸一：ポリウレタン系形状記憶ポリマーの機械的性質, 日本機械学会論文集A, **57**, 543, pp. 2760～2766 (1991)
9) 戸伏壽昭, 林俊一, 伊貝亮, 原永志, 山田英津子：ポリウレタン系形状記憶ポリマーフィルムのクリープおよび応力緩和特性, 日本機械学会論文集A, **62**, 599, pp. 1619～1625 (1996)
10) 戸伏壽昭, 林俊一, 原永志, 山田英津子：ポリウレタン系形状記憶ポリマーシートの低温でのクリープ特性, 日本機械学会論文集A, **63**, 611, pp. 1495～1498 (1997)
11) 戸伏壽昭, 林俊一, 伊貝亮, 原永志, 三輪典生：ポリウレタン系形状記憶ポリマーフィルムの形状固定性および形状回復性, 日本機械学会論文集A, **62**, 597,

pp. 1291〜1298（1996）

12) J. D. Ferry : Viscoelastic Properties of Polymers, 3 rd ed., p. 572, John Wiley & Sons（1980）

13) H. Tobushi, K. Okumura, M. Endo and S. Hayashi : Thermomechanical properties of polyurethane-shape memory polymer foam, J. Intell. Mater. Syst. Struct., **12**, pp. 283〜287（2001）

14) 戸伏壽昭, 林俊一, 遠藤雅人, 島田大介：ポリウレタン系形状記憶ポリマーフォームの形状固定性と形状回復性, 日本機械学会論文集A, **68**, 675, pp. 1594〜1599（2002）

15) 戸伏壽昭, 林俊一, 原永志, 山田英津子, 三輪典生：種々の温度で負荷を受けるポリウレタン系形状記憶ポリマーフィルムの形状固定性と形状回復性, 日本機械学会論文集A, **63**, 610, pp. 1299〜1306（1997）

16) 戸伏壽昭, 林俊一, 小島伸一：ポリウレタン系形状記憶ポリマーの単軸クリープ変形, 日本機械学会論文集A, **58**, 556, pp. 2434〜2439（1992）

17) 戸伏壽昭, 林俊一, 原永志, 山田英津子, 橋本隆弘：ポリウレタン系形状記憶ポリマーフィルムのエネルギー散逸および貯蔵の繰返し特性, 日本機械学会論文集A, **63**, 613, pp. 1986〜1992（1997）

18) Y. C.ファン著, 大橋義夫, 村上澄男, 神谷紀生訳：連続体の力学入門, 改訂版, pp. 218〜224, 培風館（1980）

19) 戸伏壽昭, 林俊一, 山田英津子, 橋本隆弘：ポリウレタン系形状記憶ポリマーのサーモメカニカル特性構成式のモデル化, 日本機械学会論文集A, **64**, 617, pp. 186〜192（1998）

20) 戸伏壽昭, 林俊一, 伊藤教光, 高田和幸：形状記憶ポリマーのサーモメカニカル構成モデル, 日本機械学会論文集A, **66**, 643, pp. 502〜508（2000）

21) 池田裕子, 鞠谷信三：医療用ポリウレタンエラストマー, 日本ゴム協会誌, **62**, 6, pp. 357〜367（1989）

22) 尾崎秀典, 開出保, 林俊一, 松本孝, 本田郁雄：血管を傷つけない点滴用血管内留置針の開発, 三菱電線工業時報, **88**, pp. 89〜93（1994.10）

23) 林俊一, 佐治豊武, 三輪典生：高透湿性ポリマーの開発と衣料への応用, 三菱重工技報, **31**, 1, pp. 1〜4（1994.1）

24) 入江正浩監：形状記憶ポリマーの開発と応用, pp. 67〜80, シーエムシー（1989）

25) 清水謙一, 入江正浩, 唯木次男：記憶と材料―入門形状記憶材料, pp. 121〜158, 共立出版（1986）

26) M. Shahinpoor, Y. Bar-Cohen, J. O. Simpson and J. Smith : Ionic polymer-metal composites (IPMCs) as biomimetic sensors, actuators and artificial muscles — A review, Smart Materials and Structures, **7**, pp. R 15〜R 30 (1998)
27) S. G. Wax and R. R. Sands : Electroactive polymer actuators and devices, SPIE, **3669**, pp. 2〜10 (1999.3)
28) Y. Osada and J. P. Gong : Intelligent gels—Their dynamism and functions—, SPIE, **3669**, pp. 12〜18 (1999.3)
29) E. W. H. Jager, E. Smela, O. Inganas and I. Lundstrom : Applications of polypyrole microactuators, SPIE, **3669**, pp. 377〜384 (1999.3)
30) R. Iumia and M. Shahinpoor : Microgripper design using electric-active polymers, SPIE, **3669**, pp. 322〜329 (1999.3)

7章

1) K. Uchino : Shape Memory Materials, K. Otsuka and C. M. Wayman (eds.), p. 187, Cambridge University Press (1998)
2) 日本セラミックス協会編：セラミック辞典，第2版，p. 395, 丸善 (1997)
3) 河本邦仁：セラミック材料，堂山昌男，山本良一編，p. 47, 東京大学出版会 (1986)
4) 新原皓一他訳：金属便覧 改訂6版，日本金属学会編，p. 631, 丸善 (2000)
5) 宇野良清他訳：新版キッテル固体物理学入門（下），p. 389, 丸善 (1969)
6) 物理学辞典編集委員会編：物理学辞典 改訂版，p. 17, 培風館 (1992)
7) 物理学辞典編集委員会編：物理学辞典 改訂版，p. 18, 培風館 (1992)
8) K. Uchino : Shape Memory Materials, K. Otsuka and C. M. Wayman (eds.), p. 201, Cambridge University Press (1998)

8章

1) 近角聰信：強磁性体の物理（下），p. 106, 裳華房 (1995)
2) 江田弘：知的複合材料と知的適応構造物，日本機械学会編，p. 80, 養賢堂 (1996)
3) 大亦絢一郎：インテリジェント材料・流体システム，谷順二編著，p. 97, コロナ社 (1999)
4) 荒井賢一：インテリジェント材料・流体システム，谷順二編著，p. 119, コロナ社 (1999)

9章

1) 田中順三,池上隆康:無機系インテリジェント構造材料の研究動向,金属,**4**,pp. 61～67 (1992)
2) 松岡三郎:金属系インテリジェント構造材料の研究動向,金属,**4**, pp. 56～60 (1992)
3) 江川幸一:材料と構造の新しい展開―知的材料・構造について―,鉄と鋼,**80**,pp. N 222～N 226 (1994)
4) 江川幸一:知的(スマート)材料・構造,日本機械学会誌,**99**, pp. 239～245 (1996)
5) 佐藤次雄,島田昌彦:ジルコニアによるセラミックスの強じん化,セラミックス,**21**, pp. 616～619 (1986)
6) 堀三郎:強靱ジルコニア―タフなセラミックス―,内田老鶴圃 (1990)
7) D. J. Green, R. H. J. Hannink, M. V. Swain:セラミックスの変態強化,内田老鶴圃 (1992)
8) E. P. George, S. Takahashi, S. Trolier-McKinstry and M. Wun-Fogle (eds.):Materials for Smart Systems, Materials Research Society (1995)
9) E. P. George, R. Gotthardt, K. Otsuka, S. Trolier-McKinstry and M. Wun-Fogle (eds.):Materials for Smart Systems II, Materials Research Society (1997)
10) 谷順二:インテリジェント材料・流体システム,コロナ社 (1999)
11) D. C. Lagoudas and Z. Ding:Modeling of thermoelectric heat transfer in shape memory alloy actuators:Transient and mltiple cyclic solutions, Int. J. Engng Sci., **33**, pp. 2345～2364 (1995)
12) 轟章:非分布型センサーを用いた構造ヘルスモニタリング,材料科学,**36**, pp. 304～310 (1999)
13) 景山和郎:ヘルスモニタリング,材料科学,**36**, pp. 315～319 (1999)
14) Z. G. We, R. Sandstrom and S. Miyazaki:Shape-memory materials and hybrid composites for smart systems, Part I and II, J. Mater. Sci., **33**, pp. 3743～3762, pp. 3763～3783 (1998)
15) 古屋泰文:知的(インテリジェント)な機械構造用材料に向けての研究―形状記憶合金からのアプローチ―,日本金属学会報,**9**, pp. 616～618 (1993)
16) 古屋泰文,田谷稔:TiNi ファイバ/Al 複合材の高温側の強度と疲労に及ぼす形状記憶効果の影響,日本金属学会誌,**60**, pp. 1163～1172 (1996)
17) Y. Furuya:Design and material evaluation of shape memory composites, J.

Intell. Material Syst. Structures, **7**, pp. 321〜330 (1996)
18) 古屋泰文：SMA を用いた知的構造材料，材料科学，**36**, pp. 293〜298 (1999)
19) D. C. Lagoudas and I. G. Tadjbakhsh：Active flexible rods with embedded SMA fibers, Smart Mater. Struct., **1**, pp. 162〜167 (1992)
20) J. G. Boyd and D. C. Lagoudas：Thermomechanical response of shape memory composites, J. Intell. Mater. Syst. Struct., **5**, pp. 333〜346 (1994)
21) D. C. Lagoudas, Z. Bo and M. A. Qidwai： Micromechanics of active metal matrix composites with shape memory alloy fibers, G. Z. Boyiadjis and J. W. Ju (eds.)：Inelasticity and Micromechanics of Metal Matrix Composites, pp. 163〜190, Elsevier Science B. V. (1994)
22) M. Kawai, H. Ogawa, V. Baburaj and T Koga：Multiaxial constitutive modelling for R-phase and M-phase transformations of TiNi shape memory alloys, Arch. Mech., **51**, pp. 665〜692 (1999)
23) M. Kawai, H. Ogawa, V. Baburaj and T Koga：Micromechanical analaysis for hysteretic behavior of unidirectional TiNi SMA fiber composites, J. Intell. Material Syst. Structures, **10**, pp. 14〜28 (1999)
24) W. Ostachowicz, M. Krawczuk and A. Zak：Natural frequencies of a multilayer composite plate with shape memory alloy wires, Finite Elements Anal Design, **32**, pp. 71〜83 (1999)
25) S. R. White and J. B. Berman：Thermomechanical response of SMA composite beams with embedded nitinol wires in an epoxy matrix, J. Intell. Material Syst. Structures, **9**, pp. 391〜400 (1998)
26) J. S. N. Paine and C. A. Rogers：Adaptive composite materials with shape memory alloy actuators for cylinders and pressure vessels, J. Intell. Material Syst. Structures, **6**, 210〜219 (1995)
27) V. Birman：Review of mechanics of shape memory alloy structures, Appl. Mech. Rev., **50**, pp. 629〜645 (1997)
28) V. Birman：Theory and comparison of the effect of composite and shape memory alloy stiffners on stability of composite shells and plates, Int J. Mech. Sci., **39**, pp. 1139〜1149 (1997)

索引

【あ】
アクチュエータ機能　171
圧電効果　164
圧電セラミックス　165
圧電素子　166
圧電変換器　166

【い】
イオン伝導膜　153
イオンポリマー　150
イオンポリマー複合材料　152
インテリジェント　5
インテリジェント構造　171
インテリジェント材料　171

【え】
エネルギー保存式　100
エフェクタ機能　171
エントロピー不等式　100

【お】
応力緩和　133
応力誘起マルテンサイト変態　9, 27
オーステナイト変態開始温度　8

【か】
回帰記憶効果　39
介在物理論　94
回復応力　21, 33
回復ひずみ　22
回復ひずみエネルギー　21

回復力　42, 69
化学的駆動力　106
拡散型変態　7
ガラス転移　3, 129
完全ヒステリシス　83

【き】
機械的駆動力　106
ギブス自由エネルギー　79, 101
逆変態　9
強磁性形状記憶合金　12
兄弟晶　9
強誘電体　161
強誘電分域　162

【く】
駆動力　101
クラウジウス-クラペイロン関係　68
繰返し変形特性　25
クリープ　132

【け】
形状回復性　134
形状記憶効果　2, 7, 25
形状記憶合金　2
形状記憶材料　3
形状記憶処理　13
形状記憶複合材料　171
形状記憶ポリマー　3
形状固定性　3, 134
結晶塑性学　94
結晶変態　9
ゲル　150

【こ】
コイルばね　41
構成式　65
後続変態開始曲線　98
後続マルテンサイト変態開始面　97
混合体理論　75

【さ】
最終破断した領域　60
最大回復ひずみ　66
散逸仕事　29, 136
散逸ひずみエネルギー　21

【し】
磁場駆動　15
斜方晶　118
斜方晶マルテンサイト相　112
シュミットテンソル　95
消散不等式　103
消散ポテンシャル　103
初期変態開始線　98
初期マルテンサイト変態開始曲線　96
ジルコニアセラミックス　172
磁歪　167
靱性　159

【す】
水蒸気透過性　144
水平段　27
スマート　5

【せ】

生体適合性	19
絶縁体	161
セラミックス	155

【そ】

相互作用エネルギー項	75
双晶	9
相変態	2, 6
速度型構成式	65
塑性	158
塑性変形	2

【た】

耐食性	18
体積磁歪	167
単斜晶	120
単斜晶マルテンサイト相	112
弾性	1, 158

【ち】

超磁歪	167
超弾性	3, 7

【て】

電気応答ポリマー	128
電気活性ポリマー	128
電気分極	161
伝導性ポリマー	151
電歪	164
電歪振動子	164
電歪ポリマー	151

【と】

導体	161
動的粘弾性	130

【な】

内部変数	65

【に】

ニチノール	11
二方向形状記憶効果	16, 27, 40
二方向ひずみ	43

【ね】

熱応答ポリマー	128
熱活性ポリマー	128
熱間等方圧成形	15
熱処理	13
熱弾性型マルテンサイト変態	8
熱弾性理論	65
熱的構成式	72
熱伝導解析	72
熱・力学荷重	64
熱力学第一法則	100
熱力学第二法則	100
熱力学的一般化力	101
熱・力学的挙動	64

【は】

バイアス素子	22
破壊応力	159
破壊靭性	159
破壊強さ	159
薄膜	13
発展式	66
バリアント	9
反強誘電体	161

【ひ】

ピエゾ効果	164
非可逆過程熱力学	103
微視力学	176
ひずみエネルギー	30, 136
非熱弾性型マルテンサイト変態	8
疲労き裂	59
疲労特性	47

【ふ】

不完全変態	85
部分ヒステリシス	83
プラトー	92
プロセッサ機能	171

【へ】

ヘルスモニタリング	173
ヘルムホルツ自由エネルギー	74
変態域	68
変態開始線	68
変態カイネティックス	66
変態界面	91
変態擬弾性	3
変態強化	172
変態曲面	103
変態駆動力	77
変態終了線	68
変態条件	103
変態線	35
変態熱	72
変態熱・力学	65
変態誘起塑性	74

【ほ】

放電プラズマ焼結	15

【ま】

マルテンサイト変態	7
マルテンサイト変態開始温度	7

【む】

無拡散型変態	7

【ゆ】

有限要素法	94
誘電現象	161
誘電率	161

索　　引

【よ】

溶解法　14

【り】

力学的機能セラミックス　156

力学的構成式　72
力学的トレーニング　44
リボン　13
流　束　101
領　域　60

【る】

ルジャンドル変換　102

【れ】

連続体熱・力学　64

CT　60
Maxwell 線　74
R 相　112
R 相変態　18, 30
ε マルテンサイト相　70

―― 著 者 略 歴 ――

戸伏　壽昭（とぶし　ひさあき）
1969 年　九州工業大学工学部機械工学科卒業
1974 年　名古屋大学大学院工学研究科博士課程
　　　　単位取得退学（機械工学専攻）
1975 年　愛知工業大学講師
1976 年　工学博士（名古屋大学）
1979 年　愛知工業大学助教授
1991 年　愛知工業大学教授
　　　　現在に至る

田中　喜久昭（たなか　きくあき）
1969 年　京都大学工学部機械工学科卒業
1971 年　京都大学大学院工学研究科修士課程
　　　　修了（機械工学専攻）
1974 年　京都大学大学院工学研究科博士課程
　　　　単位取得退学（機械工学専攻）
1974 年　大阪府立大学助手
1975 年　工学博士（京都大学）
1986 年　大阪府立大学助教授
1987 年　東京都立科学技術大学助教授
1990 年　東京都立科学技術大学教授
2002 年　東京都立科学技術大学名誉教授

堀川　宏（ほりかわ　ひろし）
1984 年　筑波大学第 3 学群基礎工学類卒業
1984 年　古河電気工業㈱勤務
1993 年　㈱古河テクノマテリアルへ出向
　　　　現在に至る

松本　實（まつもと　みのる）
1963 年　東北大学理学部物理学科卒業
1965 年　東北大学大学院理学研究科修士課程
　　　　修了（物理学専攻）
1968 年　東北大学大学院理学研究科博士課程
　　　　単位取得退学（物理学専攻）
1968 年　東北大学助手
1971 年　理学博士（東北大学）
1983 年　東北大学講師
2002 年　東北学院大学非常勤講師
2004 年　東北大学非常勤職員
　　　　現在に至る

形状記憶材料とその応用
Shape Memory Materials and their Applications
Ⓒ Tobushi, Tanaka, Horikawa, Matsumoto 2004

2004年6月28日 初版第1刷発行

| 検印省略 |

著　者　戸　伏　壽　昭
　　　　田　中　喜久昭
　　　　堀　川　　　宏
　　　　松　本　　　實

発行者　株式会社　コロナ社
　　　　代表者　牛来辰巳

印刷所　新日本印刷株式会社

112-0011　東京都文京区千石 4-46-10
発行所　株式会社　コロナ社
CORONA PUBLISHING CO., LTD.
Tokyo Japan
振替 00140-8-14844・電話(03)3941-3131(代)

ホームページ http://www.coronasha.co.jp

ISBN 4-339-04572-1　　（阿部）　（製本：愛千製本所）
Printed in Japan

無断複写・転載を禁ずる
落丁・乱丁本はお取替えいたします

機械系 大学講義シリーズ

(各巻A5判)

■編集委員長　藤井澄二
■編集委員　臼井英治・大路清嗣・大橋秀雄・岡村弘之
　　　　　　黒崎晏夫・下郷太郎・田島清灝・得丸英勝

配本順			頁	定価
1. (21回)	材料力学	西谷弘信著	190	2415円
3. (3回)	弾性学	阿部・関根共著	174	2415円
4. (1回)	塑性学	後藤 學著	240	3045円
6. (6回)	機械材料学	須藤 一著	198	2625円
9. (17回)	コンピュータ機械工学	矢川・金山共著	170	2100円
10. (5回)	機械力学	三輪・坂田共著	210	2415円
11. (24回)	振動学	下郷・田島共著	204	2625円
12. (2回)	機構学	安田仁彦著	224	2520円
13. (18回)	流体力学の基礎（1）	中林・伊藤・鬼頭共著	186	2310円
14. (19回)	流体力学の基礎（2）	中林・伊藤・鬼頭共著	196	2415円
15. (16回)	流体機械の基礎	井上・鎌田共著	232	2625円
16. (8回)	油空圧工学	山口・田中共著	176	2100円
17. (13回)	工業熱力学（1）	伊藤・山下共著	240	2835円
18. (20回)	工業熱力学（2）	伊藤猛宏著	302	3465円
19. (7回)	燃焼工学	大竹・藤原共著	226	2835円
21. (14回)	蒸気原動機	谷口・工藤共著	228	2835円
23. (23回)	改訂 内燃機関	廣安・實諸・大山共著	240	3150円
24. (11回)	溶融加工学	大中・荒木共著	268	3150円
25. (25回)	工作機械工学（改訂版）	伊東・森脇共著	254	2940円
27. (4回)	機械加工学	中島・鳴瀧共著	242	2940円
28. (12回)	生産工学	岩田・中沢共著	210	2625円
29. (10回)	制御工学	須田信英著	268	2940円
31. (22回)	システム工学	足立・酒井・髙橋・飯國共著	224	2835円

以下続刊

5.	材料強度	大路・中井共著	7.	機械設計	北郷薫他著
20.	伝熱工学	黒崎・佐藤共著	22.	原子力エネルギー工学	有冨・斉藤共著
26.	塑性加工学	中川威雄他著	30.	計測工学	土屋喜一他著
32.	ロボット工学	内山勝著			

定価は本体価格＋税5％です。
定価は変更されることがありますのでご了承下さい。